KB125100

아빠,
물리가
뭐예요?

아빠, 물리가 뭐예요?

제1판 제1쇄 발행 2020년 2월 12일
제1판 제2쇄 발행 2020년 4월 12일

지은이 조성주
펴낸이 임용훈

기획 서정 Agency(www.seojeongcg.com)
마케팅 오미경
편집 전민호
용지 (주)정림지류
인쇄 올인피앤비

펴낸곳 예문당
출판등록 1978년 1월 3일 제305-1978-000001호
주소 서울시 영등포구 문래동6가 19 SK V1 CENTER 603호(선유로 9길 10)
전화 02-2243-4333~4
팩스 02-2243-4335
이메일 master@yemundang.com
블로그 www.yemundang.com
페이스북 www.facebook.com/yemundang
트위터 @yemundang

ISBN 978 - 89 - 7001-708-2 43420

＊ 이 도서의 국립중앙도서관 출판시도서목록(CIP)은 e-CIP홈페이지(http://www.nl.go.kr/ecip)와 국가자료
공동목록시스템(http://www.nl.go.kr/kolisnet)에서 이용하실 수 있습니다.(CIP제어번호:CIP2020001703)

청소년을 위한 톡톡! 튀는 물리 이야기

아빠, 물리가 뭐예요?

조성주 지음

머리말

"누구도 사람에게 그 무엇을 가르칠 순 없다. 다만 그가 자신의 내면 속에서 그걸 발견할 수 있도록 도울 수 있을 뿐이다(You cannot teach a man anything; you can only help him find it within himself)."

– 갈릴레오 갈릴레이(Galileo Galilei)

러시아에서 처음 달을 본 순간의 감격은 지금도 잊을 수 없습니다. 비록 천문대의 성능 좋은 망원경으로 본 것은 아니었지만 말이죠. 까만 밤하늘에 눈이 부실만큼 보석처럼 빛났던 그 모습은, 모스크바의 추운 겨울을 맨발로 버틸 만큼 제 마음을 사로잡았습니다.

저는 러시아 과학원 산하의 레베데프 물리 연구소라는 곳에서 공부했습니다. 여기서 레베데프는 사람 이름인데요. 아인슈타인이 얘기한 빛의 광압을 실험을 통해 처음으로 측정한 위대한 물리학자입니다. 우리나라에는 잘 알려져있지 않은 연구소지만, 이곳에는 노벨상을 받은 사람이 무려 7명이나 되지요. 대단하지 않은가요? 노벨 물리학상 수상자인 바소프와 긴즈부르크라는 분을 실제로 세미나에서 종종 보았답니다. 나이가 많으신데도 아인슈타인이 고민했던 문제부터 시작해서 현재 이루어지는 연구에 이르기까지 상세히 설명해주시는 모습에 큰 감명을 받았습니다.

저는 어려서부터 밤하늘의 별을 자세히 보고 싶어 했습니다. 천체 망원경으로 별을 관찰하면 좋겠다고 늘 생각했지만 제가 자랄 때는 그럴 수 있는 기회가 많지 않았어요. 그저 마음으로만 간직한 꿈이었지요. 그런데 어느 날 지도교수님과 대화를 하다가 "별을 보고 싶은 데 천체망원경이 없어서 못 본다"는 얘기를 했어요. 그러자 지도교수님이 집에 망원경이 없냐고 물어보셨고 작은 망원경은 하나 있다고 했더니, 그걸로 달을 한번 보라고 하시는 거예요. 저는 알겠다고 대답했지만, 사실 그 망원경으로 달을 보는 건 어림도 없다고 생각했기 때문에 뭔가 보일 거라고는 전혀 기대하지 않았어요.

지도교수님은 물리학자답게 무슨 얘기를 하면 꼭 확인을 하시는 분이셨어요. 다음날 망원경으로 달을 보았는지 확인하실 게 뻔했기 때문에 숙제한다는 마음으로 마지못해 달을 보기로 했어요. 어차피 보이지 않을 테니 잠깐 베란다에서 달을 보는 시늉만 하고 얼른 들어오려고 맨발로 나갔답니다. 그런데 말이죠! 그 작은 망원경으로도 달의 분화구까지 선명하게 보이는 거였어요. 그동안 그렇게 보고 싶었던 달이 바로 거기 있었어요. 처음에는 꿈인지 생신지 제 눈을 의심했답니다. 어떤 말로 표현할 수 없었어요. 그리고는 이내 생생한 달의 모습에 매료되었고, '내가 처음 내 눈으로 직접 우주를 보았다'는 생각에 가슴이 두근거려서 맨발이었지만 추운 줄도 몰랐습니다.

정말 흥분되고 기뻤던 그 날, 저는 많은 생각을 했습니다. 그중 한가지는 '우주가 그렇게 멀리 있는 것이 아니었구나. 바로 내 앞에 있구나!'라는 생각이었어요. 마치 제가 우주를 소유한 것처럼 마음이 뿌듯했다니까요? 또 다른 한 가지는 '왜 나는 집에 망원경이 있는 데도 그것으로 달을 볼 생각을 하지 않았을까?'라는 의문이었습니다. 정말이지 제가 왜 그랬을까요?

앞에서도 말했지만 그건 조그만 망원경으로 달의 분화구까지 볼 수 있을 거라고는 상상도 못했기 때문이에요. 그러니까 시도조차 안 했던 것이지요. 그래서 저는 다른 사람들은 어떨지 궁금해서 만나는 사람마다 물어봤어요. '망원경으로도 달을 볼 수 있을까?' 역시 대답은 예전의 저와 비슷했어요. 이 일을 계기로 저는 이것이 개인의 문제가 아닌, 우리나라 과학교육의 전반적인 문제라는 생각을 하게 되었습니다. 우리는 자연현상 자체에 관심을 두기 보다는 시험문제를 잘 풀기 위한 공부를 해왔던 것이지요. 그러니 우리 학생들이 자연과 만나는 가슴 벅찬 감동보다는 문제의 정답을 찾는 기계처럼 훈련되어진다는 것이 무척 안타까웠습니다. 물론 문제를 풀었을 때의 쾌감도 크기는 하지만, 대부분은 어려운 물리를 무엇 때문에 배워야 하는지 알지 못한 채 물리에 대한 흥미를 잃어갑니다.

사실 물리는 어렵습니다. 우리가 푸는 문제들은 갈릴레오 갈릴레이, 뉴턴, 케플러 등 근대 물리학의 기초를 놓은 기라성 같은 물리학자들이 오랜 시간 동안 고민하며 풀었던 문제들이니까요. 그들에게 거의 평생이 걸렸던 것을 우리는 짧은 시간에 이해할 수 있으니 그런 면에서 보면 우리는 정말 '행운아'라는 생각이 들지 않나요?

저는 이 책을 읽는 모든 독자가 물리학자가 될 것이라고는 생각하지 않아요. 사실, 그럴 필요도 없고요. 그렇지만 물리는 물리학자만의 것이 아니랍니다. 모든 사람이 호흡하고 경험하고 느끼고 감탄할 수 있는 것이에요. 제가 달을 처음 본 날, 우주가 제 안에 불쑥 찾아온 것처럼 말이죠. 그래서 이 책을 통해 제가 받았던 감동과 영감을 독자 여러분과 함께 나누고 싶습니다. 우리 주위에서 흔히 경험하는 것에서부터, 그 속에 숨어 있는 물리 원리와 법칙으로 저와 함께 여행을 떠나

볼까요? 그러면 살아있는 물리가 여러분에게 말을 걸기 시작하고 우주 만물이 새롭게 보일 것입니다.

이 책이 나오기까지 저에게 소중한 자료들을 공개해 주신 분들을 포함하여 많은 도움이 있었습니다. 저에게 물리의 눈을 뜨게 하셔서 이런 감동과 영감을 경험할 수 있게 해 준 러시아과학원 레베데프 물리연구소의 유리 유리에비치 스토일로프 박사님, 저를 낳으시고 큰 사랑으로 길러주신 부모님과 가족들, 지금까지의 제 삶을 위해 헌신적으로 수고하고 지지해 주며 저에게 행복이 무엇인지를 알게 해준 사랑하는 아내 시원과 아들 우림, 딸 예림에게 감사와 사랑을 전합니다. 마지막으로 우주를 만드셔서 이런 감동과 만남을 허락하신 하나님께 감사와 영광을 돌립니다.

푸르른 솔내음 가득한 북한산 기슭에서

조성주

Книга Сан-Дзю Чо «Физика для детей» написана простым и понятным языком для любознательных младших школьников (и их родителей) как вводный курс и как ответ на их многочисленные вопросы об окружающем мире. Почему идет дождь? Большое ли Солнце? Что такое свет? Молодой ум интересуется всем, и ребенок обычно задает тысячи крайне важных для него вопросов пока не найдет такие, на которые у людей пока нет ответов. Тогда он сам начинает искать истину и становится настоящим исследователем, двигающим науку вперед.

Автор удачно сохранил в памяти свежесть своего восприятия и на каждой странице наглядно передает читателям как свое, так и их бесконечное удивление от знакомства с сокровищами физики. В живой беседе он с восторгом закладывает начальные основы простых и сложных понятий и отвечает на самые разнообразные запросы от исторических истоков физики, ее развития и до нынешних проблем с черной материей и черной энергией.

Ценность этой книги в широте охватываемых вопросов, в полезности знакомства молодых будущих исследователей с фундаментальными основами красот физики нашего удивительного мира и в ее наглядности.

Д.ф.-м.н.   Стойлов Ю.Ю.

『아빠, 물리가 뭐예요?』는 이해하기 쉬운 언어로 쓰여 있어서 호기심 많은 어린 학생들과 부모님에게 우리가 살아가는 세상의 여러 질문에 대해 어떻게 설명해 줄지를 알려주는 물리 입문서입니다.

'비는 왜 오는 거지?', '태양은 정말 큰가?', '빛이란 도대체 뭔가?' 등 어린이와 학생들은 궁금한 모든 것에 대해 수많은 질문들을 던집니다. 때로는 어떻게 대답해 주어야 할지 어른들도 모르는 것이 많기 때문에 학생 스스로 답을 찾아가면서 과학을 발전시키는 연구자로 성장해야 합니다.

저자는 모든 페이지에서 자신이 경험하고 이해한 놀라운 물리 세계를 독자에게 쉽게 전달하고 있습니다. 대화의 형식을 통해 물리학이 발전해 온 역사와 현대물리학의 난제인 암흑물질과 암흑에너지에 이르기까지 이해하기 어려운 복잡한 현상들을 간단명료한 근본원칙으로부터 생동감 있게 설명해 나가고 있습니다.

흥미로운 질문을 유도함으로써 앞으로 미래의 연구자들이 될 학생들에게 우리가 살고 있는 놀라운 세상을 탐구하는 물리의 아름다움을 경험케 하는 소중한 책입니다.

러시아과학원 레베데프 물리 연구소
유리 유리에비치 스토일로프 박사

차례

01

헷갈리네!
도대체 뭐가 진짜야?

탈레스는 물, 헤라클레이토스는 불, 아낙시메네스는 공기, 피타고라스는 숫자, 엠페도클레스는 물, 공기, 불, 흙, 그리고 데모크리토스는 원자….

우림아, 아까부터 뭘 그렇게 중얼거리고 있니?

고대 그리스 철학자들이 주장한 세상의 근본 물질을 외우고 있어요. 그런데 이름도 어렵고 말도 안 되는 얘기 같아서 잘 외워지질 않네요. 그 당시는 할 일이 많지 않았나 봐요. 아무 말도 안 했으면 좋았을 텐데 이런 엉뚱한 얘기를 해서 공부할 거리만 많아졌어요. 어휴~.

맞아. 아빠도 왜 이런 것을 배우는지 모르고 그냥 무작정 외웠단다. 아빠는 특히 사람 이름을 잘 외우지 못해서 더 힘들었지. 그런데 이 중에서 아는 사람이 얼마나 있니? 혹시 탈레스는 들어 봤어?

예전에 들어본 것 같긴 한데, 정확히는 기억이 안 나네요.

탈레스는 소크라테스, 플라톤과 함께 3대 그리스 철학자로 불리는 아리스토텔레스가 '철학의 아버지'라고 칭송했을 정도로 유명한 철학자란다. 그뿐만 아니라 '최초의 철학자', '최초의 수학자', '최초의 고대 그리스 7대 현인(賢人: 지혜로운 사람)' 등 수많은 수식어가 붙어 있지. 이미 기원전 585년에 천문학을 이용해 일식을 예언했다고 하니 정말 놀라운 사람 아니니? 인터넷을 검색해보면 탈레스에 대해 더 자세히 알 수 있을 거야.

 그래요? 그럼 한 번 검색해볼게요. 탈, 레, 스… 어? 영어 단어가 'Thales'네요? 'Tales'가 아니라요.

 발음이 생각과는 조금 다르지? 'θ'는 우리말로 '세타'라고 읽지만, 미국 사람들은 '세이터(/θeɪtə/)'라고 발음한단다. 앞으로 수학이나 물리에서 수식을 쓸 때, 특히 각도를 표시할 때 많이 보게 될 문자이지. 수식에 사용하는 문자들을 보면 대부분 대문자나 소문자로 표시된 그리스 알파벳이니까 익혀두면 도움이 될 거야.

 그럼 그리스 철학자 이름만이 아니라, 그리스어 알파벳도 외워야 된단 말이에요?

그리스 철학자들이 생각했던 세상의 근본 물질

벌써 너무 걱정하지 않아도 돼. 일부러 외우지 않아도 배우다 보면 익숙해질 테니까. 자, 그럼 탈레스 말고 또 아는 사람은 누가 있니?

 피타고라스요! '피타고라스의 정리'를 만든 사람이잖아요. 그리고 데모크리토스도 들어봤어요. 그런데 아빠, 그리스 시대의 철학자들은 왜 이렇게 세상의 근본 물질에 관심이 많았을까요?

 아빠도 늘 그게 궁금했어. 많은 그리스 철학자들이 세상의 근본에 대해 탐구했지만, 그게 나와 무슨 상관이 있는지 도통 알 수 없었거든. 하지만 생각해보렴. 학교에서 배웠겠지만, 고대 그리스 이전에도 놀라운 문명이 많이 있었단다. 수메르 문명, 바빌로니아 문명, 이집트 문명, 황하 문명, 인더스 문명 등…. 이 문명들은 그리스가 생기기 훨씬 전(기원전 4,000~2,500년 사이)부터 존재했지. 탈레스와 피타고라스도 최고의 지식을 배우기 위해 이집트로 유학을 갔을 정도란다. 그러니 당연히 세상이 어떻게 생겨났는지 궁금하지 않겠니?

 아빠, 그런데 좀 이상하네요. 그리스 철학자들이 이집트에 유학을 갈 정도면 우리도 이집트 철학을 배워야 하는 것 아니에요? 이집트 철학은 왜 배우지 않죠?

우림아. 너 '이집트 철학'이란 말을 들어 봤니?

 아니요. 사실 들어본 적 없어요. '이집트 문명', '수메르 문명' 처럼 뒤에 '문명'을 붙이는 건 봤지만 '철학'은 처음 들어봐요.

 그렇지? '철학'이란 단어를 처음 만든 사람이 피타고라스라 고 하니까 고대 그리스에서 처음 시작되었다고 해도 틀린 말 은 아닐 거야. 철학은 '지혜에 대한 사랑(Love of wisdom)'이 라는 뜻을 가지고 있단다. 이것만 봐도 그리스 사람들의 학구 열이 어떠했을지 상상이 가지? 이처럼 그리스 철학자에게는 그 이전의 어떤 문명에서도 볼 수 없었던 특별함이 있단다.

 특별함이요?

 이 세상에는 참 많은 것이 있잖아? 산도 있고, 나무도 있고, 물 도 있고, 돌도 있고, 금속도 있고, 불도 있고, 바람도 있고, 별 도 있고….

 스마트폰도 있고, 컴퓨터도 있고, 인터넷도 있고, 게임도 있고, 피자도 있고, 치킨도 있고…. 아빠, 이러다간 끝이 없겠어요.

 하하하! 그렇겠지? 아무튼 이렇게 수없이 많은 종류가 있지만, 고대 그리스 철학자들은 이 모든 것이 단 몇 가지의 원소들로 이루어졌다고 생각했단다. 세상의 모든 것을 고작 서너 가지 기본 원소들의 상호작용으로 이해했던 것이지.

그게 그렇게 대단한 건가요?

이렇게 복잡한 세상을 몇 가지의 원소나 원리로 이해하고 설명할 수 있다고 생각했으니 당연히 대단하지 않겠니? 그리스 철학자 이전에는 누구도 모든 것을 지배하는 보편적인 법칙이 있다고 생각하지 않았어. 비록 물질이나 물체의 특성을 이용하여 피라미드 같은 거대한 건축물을 만들고 문자를 고안하여 역사와 자료를 기록하는 놀라운 문명을 발전시켰지만, 그들은 사물 전체에 대한 논리적인 설명에 크게 관심이 없었단다.

예를 들면 액체인 물이나 고체인 얼음, 기체인 수증기가 있을 때 그리스 철학자 이전 사람들은 물을 저장하고 수로를 만들어서 목마를 때 마시거나 농사를 짓는 데 이용했지만, 그 물이 왜 추운 겨울에는 얼음이 되고, 하늘의 구름과 어떤 연관성이 있는지 관심이 없었던 거야. 물과 얼음, 구름이 각각 다른 것이니까 굳이 통합적으로 이해할 이유가 없었던 것이지. 그렇지만 그리스 철학자들은 물이 왜 다른 형태로 존재하는지 그 이유와 원리를 알고 싶어 했단다. 물론 물뿐만 아니라 세상 모든 만물을 말이야.

 음…, 뭔가 감이 오는 것 같기도 하네요.

 그들은 눈에 보이는 것 이면에 존재하는 근본 원리를 찾으려고 늘 우주 만물을 바라봤어. 그렇게 자연 현상을 논리적으로 이해하기 위해 관찰하고 탐구하는 그들의 태도 덕분에 오늘날 우리가 배우는 학문이 태동하기 시작한 거란다.

 그럼, 간단히 얘기해서 그리스 철학자들에 의해 비로소 과학이 시작됐다는 말이네요?

 그렇단다. 그래서 이들을 자연 철학자라고 부르기도 해. 그런데 이들이 자연을 관찰하다 보니 한 가지 문제가 생겼단다. 세상 모든 것이 변하는 것 같기도 하고, 변하지 않는 것 같기도 했던 거야. 그래서 변하는 것 자체가 본질인지, 아니면 변하지 않는 것이 본질인지를 놓고 의견이 분분했단다. 사실 변하지 않는 것처럼 보여도 내부적으로는 계속 변하고 있다는 걸 몰랐던 것이지. 우림이 너는 변하는데 변하지 않는 것처럼 생각해본 적이 있니?

 아, 하나 있어요! 얼마 전에 자전거 타러 친구들과 한강공원

을 갔었거든요? 강물이 찰랑거리며 계속 흐르고 있는데, 교
각에 표시해 놓은 눈금엔 강물의 높이가 변하지 않는 것처럼
보이더라고요.

그것도 맞는구나. 고대 그리스의 유명한 철학자인 헤라클레
이토스는 강물을 보며 이런 말을 했단다. "같은 강물에 두 번
들어갈 수는 없다." 보기에는 강물이 언제나 그대로인 것 같
지만 사실 계속 흐르고 있는 것처럼, 세상 만물은 계속 변한
다는 뜻이야.

저랑 같은 말을 했다고요?

하하하, 그러고 보면 거의 2,500여 년이 흘렀지만, 사람의 생
각은 크게 바뀐 것이 없는 것 같구나.
우림이 넌 요즘도 그네 타는 걸 좋아하지? 그런데 그네를 타
면 높이 올라갔다 내려올 때 속도가 점점 빨라지잖아. 가장
낮은 곳에 다다르면 가장 빨라지고, 다시 올라가면서 속도가
줄어들지. 비록 그네의 속도와 높이는 계속 변하지만, 움직일
때의 운동에너지와 위치에너지(중력으로 인해 낮은 곳으로 내려
오려고 하는 에너지)의 합은 항상 일정하단다. 이것을 '에너지
보존의 법칙'이라고 불러. 이 경우에도 마찬가지로 변하지만
변하지 않는 것을 찾은 거야. 그리스 철학자들이 했던 것처럼

말이지.

결국 이름도 생소한 고대 그리스 철학자들 덕분에 오늘날의 물리학이 시작된 거란다! 만약 그분들이 근본 원리를 탐구하지 않았다면 우린 이 세상 모든 것들을 일일이 다 외워야 했을 거야. 정말 고맙지 않니?

영어 단어를 외우는 것도 힘든데 근본 원리라니! 어휴, 큰일 날 뻔했네요.

우림아, 앞으로는 바쁘더라도 하늘의 구름도 보고, 꽃이나 나뭇잎도 한 번씩 바라보렴. 그리고 자연 속에서 변하는 것은 뭔지, 그리고 변하지 않는 것은 무엇이 있는지를 생각해 봐. 그러면 전에는 볼 수 없었던 새로운 것들이 보이기 시작할 거야.

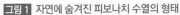

그림 1 자연에 숨겨진 피보나치 수열의 형태

> 대격변이 일어나 모든 과학 지식이 없어진다 해도, 다음의 단 한 문장만 다음 세대에 전달된다면 다시 모든 과학 지식이 구축될 수 있다고 믿습니다. 그것은 '모든 것은 원자로 이루어져 있다'는 것입니다.
>
> If, in some cataclysm, all of scientific knowledge wer to be destroyed, and only one sentence passed on to the next generations of creatures, what statement would contain the most information in the fewest words? I believe it is the atomic hypothesis that all things are made of atoms.
>
> — 리처드 P. 파인만(Richard P. Feynman)

02

보이는 눈과 보이지 않는 눈

 아빠, 어떡하죠? 체육시간에 피구하다가 안경이 망가졌어요. 혹시나 해서 친구 안경을 한 번 써봤는데, 눈에 맞지 않아서 그런지 너무 어지럽더라고요.

 저런, 그랬구나. 어디 다치지는 않았니?

 네, 다행히 다친 곳은 없어요.

 친구 안경을 썼는데 잘 안 보였다고 했지? 똑같이 생긴 안경인데, 왜 누구에게는 잘 보이고 누구에게는 잘 보이지 않는 걸까?

 그거야 친구 눈하고 제 눈이 다르니까 그렇죠. 당연한 거잖아요.

 그럼, 사람마다 눈이 다르니까 같은 것을 보더라도 다르게 보일 수 있다는 거네?

 그렇죠. 어라? 같은 것을 보는데 왜 서로 다르게 보이죠?

하하하. 아빠가 이제부터 잘 설명해줄테니 들어보렴. '숨은 그림 찾기'를 예로 들어보면, 같은 그림을 보면서도 어떤 사람은 잘 찾지만, 또 다른 사람은 잘 찾지 못하는 경우가 있지 않니?

 저 엄청 잘 찾아요! 한번 찾아볼까요?

숨은 그림 찾기 '달의 프로포즈'

달 표면에 숨겨져 있는 'L', 'O', 'V', 'E' 네 글자를 찾아볼까요?

그게 다 사람마다 눈이 다르기 때문이란다. 우리 눈에는 '눈에 보이는 눈'과 '눈에 보이지 않는 눈'이 있지. 먼저 눈에 보이는 눈은 카메라를 생각하면 이해하기가 쉬울 거야.

카메라는 렌즈와 조리개, 초점조절장치, 이미지 센서 등으로 구성되어 있는데, 우리 눈도 이와 매우 비슷한 구조를 가지고 있단다. 렌즈는 '수정체'이고, 조리개는 '홍채', 초점조절장치는 '모양체', 이미지 센서는 '망막'인 셈이지.

눈의 구조를 보면, 빛이 렌즈인 '수정체'를 통해 들어오면 이미지 센서인 '망막'에 선명한 상이 맺도록 '모양체'가 수정체의 초점을 조절하고 있어. '홍채'는 빛의 양을 조절해서 망막에 맺힌 상이 너무 밝지도, 어둡지도 않게 한단다.

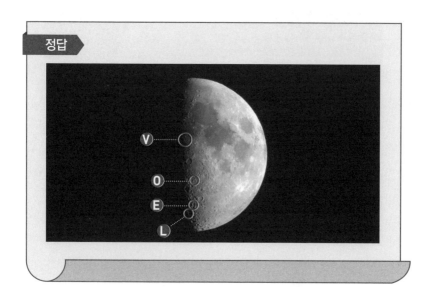

카메라의 종류

최근에는 스마트폰 카메라를 비롯하여 다양한 디지털카메라들이 사용되고 있어요. 한때는 이동성과 편의성이 좋은 디지털카메라가 많이 사용되었지만, 지금은 스마트폰 카메라로 대부분 대체되었지요. 전문적인 사진을 찍기 위해서는 DSLR 카메라를 주로 사용하지만, 상대적으로 크고 무겁기 때문에 보다 작고 가볍게 만든 미러리스 카메라를 사용하는 사람이 늘고 있어요.

DSLR은 '디지털 싱글 렌즈 리플렉스(Digital Single-Lens Reflex)'의 줄임말인데, 우리말로 표현하면 '디지털 일안 반사식 카메라'라고 해요. 우리말도 여전히 어렵긴 마찬가지죠? 무엇을 뜻하는지 단어를 하나씩 살펴볼게요. 먼저 '디지털(Digital)'이란 필름 대신에 빛을 감지하는 '전하결합소자(CCD)'나 '상보성 금속산화막 반도체(CMOS)'라는 전자부품을 이용한다는 뜻이에요. 필름을 쓰던 시절엔 그냥 '일안 반사식(SLR)'이라고 했어요. '일안(Single-lens)'은 하나의 렌즈를 통해 눈으로 보기도 하고, 필름에도 찍는다는 의미에요. 무슨 뜻이냐고요? 그림 1처럼 '양안(Twin-lens)'식 카메라를 보면 이해하기가 쉬워요. 예전엔 카메라가 직사각형 모양으로 생겨서 사진을 찍고자 하는 대상(피사체)을 보는 렌즈와 실제 필름에 찍는 렌즈가 따로 있었어요. 눈이 두 개였던 거죠. 그러다 보니 눈에 보이는 것과 사진에 찍히는 것에 살짝 달랐어요. 피사체가 가까우면 그 차이가 더 커지고요. 그래서 눈에 보는 것과 사진에 찍히는 것이 동일하도록 개발된 것이 '일안식' 카메라예요. 렌즈 하나로 보기도 하고 필름에 찍기도 하려면 거울이 필요한데, 이 거울을 '리플렉스(Reflex)'라고 부른답니다. 평소에는 '뷰파인더(눈을 대고 보는 곳)'로 반사시켜 주다가 사진을 찍는 순간 '리플렉스' 거울이 들리면서 필름에 상이 맺혀 찍는 거예요. 요즘엔 워낙 카메라가 소형화되고 성능이 좋아졌지만, 아직도 밤하늘의 별을 찍는 것과 같은 특수한 상황에서는 DSLR이 필요하답니다.

그림 1 TLR 카메라

그림 2 SLR 카메라 내부구조

출처: 위키피디아

아빠! '보이는 눈'이 카메라와 같은 거라면, '보이지 않는 눈'은 뭐예요? 우리가 모르는 눈이 또 있다는 말인가요?

 '보이지 않는 눈'은 본 것을 이해하는 능력이라고 생각하면 된단다. 좀 더 유식한 말로 표현한다면, 망막에 맺힌 시각 정보를 뇌에서 분석해서 우리가 이해할 수 있는 정보로 바꾸는 것이지. 이 '보이지 않는 눈'은 사람마다 차이가 있어서 똑같은 물체를 보더라도 사람마다 보이는 것이 다르단다.

 뭔가를 알아보는 능력이 보이지 않는 눈이라는 말이네요!

 쉽게 얘기하면 바로 그거야. 이건 실제로 미국에서 있었던 일인데, 어릴 때 백내장으로 시력을 잃은 50대 남자가 수술을 통해 시력을 회복했단다. 그런데 눈에 보이는 것을 전혀 이해하지 못했어. 거리를 가늠할 수 없고, 사물이 위치하고 있는 공간 관계도 판단할 수 없었지. 손으로 사물을 직접 만져보고 느낀 후에야 비로소 알 수 있었다는구나.

 눈에 보이는 데도 만져봐야 이해할 수 있다니, 믿기지가 않아요.

 사실 평소에 의식하지 못해서 그렇지, 보통 사람도 자주 그런 상황을 경험하며 살고 있단다. 가장 대표적인 것이 외국어야.

외국어로 된 책을 보면 우린 전혀 이해를 못 하지만, 그 언어를 아는 사람들은 무슨 뜻인지 알잖아?

그거야 외국어니까 당연하죠. 그 사람은 자기 나라 말과 글인데….

맞아! 똑같은 정보라 할지라도 그 의미를 파악하는 정도는 사람마다 다른 것이지. 그런데, 재미있게도 사람뿐만 아니라 자율 주행 자동차에서도 비슷한 일이 일어난단다. 자동차가 스스로 운전을 하기 위해서는 카메라와 라이다, 레이더 같은 많은 센서가 사용되는데, 똑같은 센서를 사용하더라도 주위 환경을 이해하는 능력은 자율 주행 자동차를 만든 회사마다 모두 다르다고 해.

라이다와 레이더란?

라이다(LIDAR: Light Detection And Ranging)는 빛의 속도가 일정함을 이용하여 레이저 빔을 목표물에 쏴서 맞고 돌아온 시간을 측정함으로써 목표물까지의 거리를 정밀하게 측정하는 기술이에요.

반면, 레이더(RADAR: Radio Detection And Ranging)는 빛 대신 전파를 목표물에 쏴서 맞고 돌아온 시간을 측정함으로써 목표물까지의 거리를 측정하는 기술이죠. 라이다보다 해상도는 떨어지지만 멀리까지 측정할 수 있다는 장점이 있어요.

자율 주행을 하려면 똑똑한 인공지능(AI: Artificial Intelligence)이 필요하겠네요. 그러고 보니 최신 기술은 우리 눈과 밀접한 관계가 있는 것 같아요. 보이는 눈은 카메라나 라이다, 레이더와 같은 센서들, 그리고 보이지 않는 눈은 인공지능, 그렇게요.

 오~, 제법인데! 그럼 '제4차 산업혁명'이라는 말도 들어봤니? 요즘 자율 주행이나 인공지능(AI)만큼이나 많이 쓰이는 말이지. 그런데, 이 4차 산업혁명이란 말을 처음 사용한 클라우스 슈밥(Klaus Schwab)이 제4차 산업혁명을 이끄는 3가지 기술에 대해 얘기한 적이 있단다.

 아주 많은 기술이 있을 텐데 겨우 3가지라고요? 그게 뭔데요?

 첫 번째는 물리학 기술, 두 번째는 디지털 기술, 세 번째는 생물학 즉, 바이오 기술이란다. 물리를 첫 번째로 말한 것을 보면 4차 산업혁명 시대에 물리가 얼마나 중요한지 알 수 있겠지?

 물리란 어렵기만 한 것으로 생각했는데 이렇게 중요하다니 어휴~.

 우림아, 물리는 우주와 자연 만물의 본질을 보여주는 '보이지 않는 눈'과 같단다. 겉으론 보이지 않지만, 그 속에 존재하는 규칙성과 질서를 보여주지. 조금 어렵다고 하더라도 '물리'라는 '안경'을 끼고 세상을 바라본다면 이전엔 보이지 않았던 놀라운 세상이 펼쳐질 거야.

당신이 사물을 바라보는 방식을 바꿀 때, 당신이 바라보는 사물이 바뀐다.

When you change the way you look at things, the things you look at change.

- 막스 플랑크(Max Plank)

03

물리학엔
어떤 것이 있을까?

아빠, 저번에 호기심이 많아야 과학자가 될 수 있다고 하셨잖아요. 아시겠지만 저도 호기심이 많은 편인데, 어른이 되어서도 계속 이렇게 호기심을 가질 수 있을까요? 그래야 과학자를 할 수 있을 것 같아서요.

어른과 호기심이라니 일단 좀 어색해 보이긴 하는구나. '호기심'이란 말이 어린이하고는 잘 어울리는데, 어른에게는 왜 어울리지 않을까?

그야 어른들은 해야 할 일이 많아서 그런 것 아닐까요? 호기심을 가질 겨를이 없는 것 같아요.

아빠도 처음엔 그렇게 생각했어. 아무래도 나이를 먹으면 책임감이 커지고, 일도 많아지지. 그런데 아빠는 러시아 물리학자들을 보면서 생각이 바뀌었단다.

어떻게요? 러시아 물리학자라고 하니까 왠지 신비로운 느낌이 드는데요?

그렇지? 아마도 러시아라는 나라가 우리에게 생소하기 때문일 거야. 우림아. 너 혹시 러시아 물리학자 중에 아는 사람 있니?

 러시아 물리학자요? 음…, 없는데요. 물리학자라고는 뉴턴이나 아인슈타인 정도밖에 몰라요.

 하하하! 그러면 아빠가 한 사람 소개해 줄까? 긴즈부르크라는 분인데, 2003년에 무려 노벨 물리학상을 받으셨단다. 당시 나이가 87세였으니까 아마도 최고령 노벨상 수상자였을 거야.

 와~ 그렇게 많은 나이에 노벨상을 받았어요?

 사실은 훨씬 전에 받아야 했던 분이지. 아빠가 있던 연구소의 한 세미나에서 처음 그분을 만났는데, 머리는 백발이었지만 초롱초롱한 눈으로 최신 물리학의 성과들을 설명하는 모습이 참 인상적이었어. 어린아이와 같은 호기심이 얼굴에 가득해 보였거든. 나중에 그분 연세가 80세가 훌쩍 넘었다는 것을 알고는 정말 놀랐단다. 그때가 83세 정도였을 때인데, 그분을 보고 나서 나이를 먹는다고 호기심이 없어지는 것은 아니라고 생각하게 됐지. 그 나이에도 계속 연구하며 활동을 하셨으니까 말이야.

나는 물리가 어렵고 재미없을 것 같은데… 아빠, 전 솔직히 물리학자가 뭐 하는 사람들인지 잘 모르겠어요. '물리'라는 말도 생소하고요. 과학이면 과학이지 '물리'는 또 뭐예요?

사실 물리가 뭐라고 한 마디로 설명하기는 쉽지 않단다. 왜냐 하면 '물리'라는 단어의 뜻 자체부터 그렇거든. '물리(物理)'의 문자적인 의미 자체가 '만물의 이치를 연구하는 학문'이니까 얼마나 광범위한 단어니? 사실 모든 만물이 '물리'가 아닌 것이 없다고 말하는 것과 다름이 없어. 영어로 물리를 '피직스 (Physics)'라고 하는데, 이 말도 '자연'이라는 뜻을 가진 고대 그리스어의 '피지스'에서 유래한 것이야. '자연을 연구하는 학 문'이라는 뜻이니 이것도 우리말의 '물리'나 마찬가지지.
우림아, 아빠가 퀴즈 하나 내 볼테니 맞춰볼래? 세상에서 가 장 작은 것과 가장 큰 것은 뭐라고 생각하니?

세상에서 가장 작은 것과 큰 거요? 가장 큰 것은 우주이고, 가 장 작은 것은…, 아마 원자 아닌가요? 아, 그러고 보니 '소립자' 라는 말도 들어본 것 같은데, 잘 모르겠네요.

아니야! 그 정도면 아주 잘 알고 있는걸? 원자는 모든 물질을 구성하는 가장 작은 입자로써 더 이상 쪼갤 수 없을 정도의 물질을 뜻한단다. 그래서 이름도 '더 이상 쪼갤 수 없는'이라는 뜻의 그리스어 '아톰(atom)'이라고 부르지. 그런데, 20세기 들어서 원자도 '소립자'라는 더 작은 입자로 이루어졌다는 것을 알게 되었어. 소립자가 얼마나 작은지, 어떤 소립자는 지구를 뚫고 지나가기도 한다는구나. 이런 소립자를 연구하는 학문을 '입자물리학(Particle physics)'이라고 부르지.

 그럼, 가장 큰 우주를 연구하는 것도 무슨 물리학이라고 하나요?

 오, 눈치가 빠르구나. 수많은 하늘의 별과 은하계, 그리고 성운 등 우주를 연구하는 학문을 '천체물리학(Astrophysics)'이라고 부른단다. 이렇게 만물을 구성하고 있는 가장 작은 소립자와 만물을 담고 있는 가장 큰 우주를 연구하는 것이 바로 물리학이야. 정말 만물의 이치를 연구하는 학문이라고 부를 만하지 않니?

 아빠, 그러면 가장 작은 것과 가장 큰 것 사이에 있는 것을 연구하는 것도 물리학이라고 하나요?

 그럼! 우리가 살아가면서 보고 경험하는 모든 것이 물리란다.

떨어지는 빗방울, 날아가는 야구공, 자동차, 비행기, 드론, 우주선 등 움직이는 모든 것이 있고, 발전기, 모터, 인터넷, 스마트폰, 의료기기 등 전기 및 전자제품 관련된 모든 것이 있지. 그뿐만이 아니야. 태양 빛, 무지개, 레이저, 카메라 렌즈, 모니터 등 눈에 보이는 모든 것, 물이 끓고 얼음이 얼고 녹는 것, 또 자동차 엔진, 냉장고, 에어컨과 같이 열과 관련된 모든 것 또한 물리란다. 별이 이글이글 타며 에너지를 발산하는 것과 원자력 발전, 동위원소를 이용한 연대측정 등 핵에너지와 방사선 관련까지 결국 모든 것이 물리에 포함되는 거야.

아빠, 그러면 물리학자들이 스마트폰도 만들고, 자동차도 만든다는 거예요?

그렇지는 않아. 엔지니어와 디자이너 같은 많은 사람들이 제품을 개발하고 만들지. 하지만 이런 제품들이 동작하는 가장 기본적인 원리와 이론들을 만드는 것은 물리학자란다. 예를 들어, 컴퓨터 메모리에 정보를 저장할 수 있는 새로운 원리와 방법을 연구하는 것은 물리학자의 일이야. SSD나 하드디스크, CD/DVD, USB 플래시메모리 등 새로운 기술이 가능하도록 기술적 토대를 마련해 주지. 최근에는 양자 컴퓨터, 양자 통신이라는 말을 자주 하는데, 그것도 다 물리학자들이 전혀 새로운 형태의 컴퓨터에 대한 아이디어를 제공하고 실제로 구현할 수 있도록 연구한 결과란다.

그럼 물리학에는 구체적으로 어떤 것들이 있어요?

물리학의 분야는 어떻게 나누느냐에 따라 달라지지. 먼저 시기에 따라 구분하면 고전 물리학과 현대 물리학으로 나눌 수 있는데, 둘을 구분하는 가장 큰 기준은 '양자역학(量子力學; Quantum Mechanics)'과 '상대성이론(相對性理論; Theory of Relativity)'이야. 현대물리학은 양자역학과 상대성이론을 적용하여 물질과 시간, 공간에 대한 개념을 고전 물리학으로부터 완전히 새롭게 바꿔 버렸단다.

무슨 말인지 잘 모르겠어요.

이건 사실 물리학자들에게도 쉽지 않은 개념이란다. 그냥 고전 물리학의 이론으로는 설명할 수 없는 현상들이 있었는데, 양자역학과 상대성이론을 통해 더 명확하게 설명이 가능해졌다고 기억하면 될 것 같구나.

아빠, 물리는 정말 복잡하고 어려운 것 같아요.

물리학을 구분하는 방법

물리학을 구분하는 방법은 여러 가지가 있어요. 특히 자연 현상들을 설명하기 위한 핵심이론들로 구분하기도 한답니다. 좀 더 자세히 설명하면 다음과 같아요. 물체의 운동과 관련된 현상을 설명하는 것을 고전역학(古典力學; Classical Mechanics), 전자의 움직임이나 그로 인해 발생하는 현상들을 다루는 것은 전자기학(電磁氣學; Electromagnetism)이라고 불러요. 전자기학에 포함되지만, 특별히 빛과 관련된 분야는 별도로 광학(光學; Optics)이라고 하지요. 그 외에도 증기터빈, 자동차의 내연기관 같이 열에너지와 관련된 이론인 열역학(熱力學; Thermal Physics), 그리고 양자역학, 상대성이론이 있습니다. 열역학은 통계물리(統計物理; Statistical Physics)라고 한답니다.

그리고 연구하는 대상에 따라 나누기도 해요. 천체물리학, 입자물리학, 응집물질물리학(고체물리학), 광학 및 레이저물리학, 핵물리학, 플라즈마물리학처럼 말이에요. 심지어 생명체의 물리적 특성을 연구하는 생물물리학(Biophysics)도 있어요.

그렇게 보이니? 그런데, 이렇게 한 번 생각해 봐. 이 세상에 얼마나 많은 것들이 있는데, 몇 가지 안 되는 이론들만으로 우주 만물을 모두 설명할 수 있다면 정말 멋진 일 아니니?

그래서 물리는 천재들만 할 수 있나 봐요.

하하하! 우리가 많이 들어 본 유명한 물리학자들은 천재적인 사람들이긴 해. 그렇지만, 그 사람들이 물리학의 모든 것을 다 알아낸 것은 아니란다. 아이작 뉴턴조차도 "내가 세상에 어떻게 보일지 모르지만, 나 스스로는 내가 아직 알지 못하는 진리의 거대한 바닷가에서 반들반들한 조약돌과 조개껍질을 갖고 뛰어노는 소년처럼 보인다"고 했으니까 말이야. 근대 물리학이 시작되고 약 400년 동안, 많은 사람이 자기의 관심 있는 분야를 성실히 연구한 결과들이 쌓였기 때문에 가능했던 일이지.

우림아! 정말 중요한 것은 머리가 좋아서 모든 것을 다 이해하는 것이 아니라, 모든 것에 호기심을 가지고 끊임없이 질문을 던지는 것이란다. 그것이 바로 물리학의 핵심이야.

> 가장 중요한 것은 질문을 멈추지 않는 것이다. 호기심은 그 자체만으로도 존재 이유가 있다. 영원성, 생명, 현실의 놀라운 구조를 숙고하는 사람은 경외감을 느끼게 된다. 매일 이러한 비밀의 실타래를 한 가닥씩 푸는 것으로 족하다. 신성한 호기심을 절대 잃지 마라.
>
> The important thing is not to stop questioning. Curiosity has its own reason for existing. One cannot help but be in awe when he contemplates the mysteries of eternity, of life, of the marvelous structure of reality. It is enough if one tries merely to comprehend a little of this mystery everyday. Never lose a holy curiosity.
>
> – 알버트 아인슈타인(*Albert Einstein*)

04

물리는 어떻게 공부해야 할까?

 아빠, 어떻게 하면 물리를 잘할 수 있어요?

 물리를 배우면서 가장 중요한 것은 항상 호기심을 갖고 사물을 보는 거란다. '왜 그럴까?'라는 질문을 많이 하면 할수록 전에는 알지 못했던 신기한 것이 많이 보이게 되지. 이해되지 않는 것에 대한 질문도 많아지고 말이야.

 그럼, 호기심만 가지면 되나요?

 물론 그렇지는 않지. 하지만 건물을 지을 때 기초 공사를 하지 않으면 아무것도 세울 수 없는 것처럼, 물리도 호기심이란 기초를 세우지 않으면 그 위에 물리학이란 건물을 세울 수 없게 된단다. 어떤 것들은 이해하기가 복잡해서 기초적인 지식과 훈련이 필요하지.

 어휴~, 역시 공부를 많이 해야 하네요.

 공부를 많이 하면 도움이 되겠지만, 반드시 그런 것도 아니란다. 시작하기도 전에 먼저 겁낼 필요는 없어. 재미있게 할 수 있는 방법은 많으니까.

우림아, 아빠가 퀴즈를 하나 내볼까? 여기 똑같은 모양의 구슬 10개가 있는데, 그 중 단 한 개만 무게가 다른 것이 있단다. 만약 양팔 저울로 무게를 잴 기회가 딱 3번 주어진다면 어떻게 해야 무게가 다른 구슬을 찾을 수 있을까?

음~, 먼저 구슬을 5개씩 나눠서 양팔 저울에 올려놓으면 무거운 구슬이 있는 쪽으로 기울어지겠죠. 그러면 무거운 쪽의 구슬 5개 중에 우선 하나를 빼고 2개씩 나누어 다시 저울에 달았을 때 한쪽으로 기울어지면 무거운 쪽을 다시 한 개씩 나눠서 저울에 재어보면 골라낼 수 있어요. 만약 2개씩 잰 것이 무게가 똑같다면 남아 있는 1개가 무거운 것이고요.

맞아! 그렇게 하면 3번 만에 구별할 수 있을 거야. 그런데 말이다. 아빠는 무게가 '다른' 한 개의 구슬이라고 했지, 그 구슬이 무거운지 가벼운지는 전혀 말하지 않았어. 구슬이 만약 가벼운 것이었다면 어떻게 됐을까? 무거울 거라는 편견 때문에 결코 찾아낼 수 없었겠지?

이처럼 근거 없는 선입견을 품고 사물이나 현상을 바라보는 것은 거짓된 결과를 가져올 수 있기 때문에 매우 위험하단다. 그래서 과학을 하는 데 있어서 선입견을 버리고 객관적으로 탐구하는 것은 무엇보다 중요해.

 이런…, 저도 모르게 선입견에 빠져 있었네요.

 선입견 외에도 저지르기 쉬운 실수가 또 있단다.

 그게 뭐예요?

 3번만 양팔 저울을 사용해야 한다고 하면 사람들은 급한 마음에 무게가 다른 구슬을 빨리 찾으려고 절반씩 나누어 무게를 재지. 그러면 저울이 한쪽으로 기울기는 하겠지만 하나의 구슬이 무거운지 가벼운지를 모르니까 양쪽 무게가 다르다는 것만 확인할 뿐, 추가로 얻을 수 있는 정보가 아무것도 없단다. 공연히 저울을 잴 소중한 기회만 날려 버리는 꼴이지.
그렇기 때문에 무조건 실험을 하는 것이 도움이 되는 건 아니란다. 조급한 마음을 버리고, 먼저 문제를 해결하기 위한 가장 효과적인 방법이 무엇인지를 생각하는 것이 중요해. 자, 그럼 아까의 문제를 다시 한번 풀어볼까?

 무게가 다르다는 것은 이미 알고 있으니까, 그것이 무거운지 가벼운지를 먼저 알아야 할 것 같은데요.

맞아. 지금 우리에게 필요한 정보는 다른 어떤 것보다도 그 한 개의 구슬이 다른 것보다 무거운지 가벼운지를 아는 것이란 다. 그렇다면 그걸 어떻게 알 수 있을까?

아! 3개씩 나눠보면 되겠네요. 10개니까 3개씩 3그룹으로 나 눠서 그룹들을 서로 비교해보면 될 것 같아요. 먼저 그룹 2개 를 양팔 저울에 재어 봐서 저울이 기울어지면, 무게가 다른 구슬 한 개가 그 두 그룹 중에 있는 것이니까, 나머지 한 그룹 은 무게가 똑같은 구슬들로 이루어졌겠지요. 그럼 이 그룹을 저울의 한쪽 그룹과 바꿔보면 무게가 다른 한 개의 구슬이 가 벼운지 무거운지 알 수 있겠네요. 만약 두 그룹의 무게가 같 으면 바뀐 그룹에 무거운 구슬이 있을 거고요.

바로 그거야! 그렇게 무거운 구슬인지 가벼운 구슬인지 확인 한 후에 무게가 다른 그룹의 구슬을 한 개씩 재어보면 어떤 구슬이 무게가 다른지 알 수 있지. 한쪽으로 기울면 그 중에서 선택하면 되고, 만약 무게가 동일하다면 남은 한 구슬이 무게 가 다른 것일 테니까.

맞아요. 3개 그룹이 모두 무게가 같다면 남아 있는 한 개가 다 른 것이니까, 세 번 측정해서 무게가 다른 구슬을 판별할 수 있겠네요.

그럼 그 과정을 순서대로 다시 한 번 정리해볼까?

저울을 세 번만 써서 무게가 다른 구슬을 찾는 방법

1. 구슬을 3개씩 세 그룹으로 나누고, 그 중 '그룹 1'과 '그룹 2'의 무게를 잰다.

저울이 한쪽으로 기울어지면 무게가 다른 구슬이 저울 위에 있는 것이고, 수평을 이루면 나머지 '그룹 3'에 무게가 다른 구슬이 있는 것이다.

2. '그룹 2'와 '그룹 3'을 바꿔서 무게를 잰다.

만약 이전에 저울이 '그룹 1'쪽으로 기울어졌다가 이때 수평이 되면, '그룹 2'에 가벼운 구슬이 있는 것이고, 저울이 그대로 기울어 있다면 바꾸지 않은 '그룹 1'에 무거운 구슬이 있는 것이다. 반대로 '그룹 2'쪽으로 기울어졌다가 수평이 되면, '그룹 2'에 무거운 구슬이 있는 것이고, 저울이 그대로 기울어 있다면 '그룹 1'에 가벼운 구슬이 있는 것이다. 이전에는 저울이 수평이었다가 '그룹 3'을 바꿨을 때 저울이 내려가면 '그룹 3'에 무거운 구슬이 있고, 반대로 저울이 올라가면 '그룹 3'에 가벼운 구슬이 있는 것이다. 이전에도 수평이고, 그룹을 바꿨을 때도 수평이라면 나머지 한 개의 구슬이 무게가 다른 구슬이다.

3. 무게가 다른 구슬이 있는 그룹을 찾았으면 그 그룹의 구슬을 하나씩 저울에 올려 무게를 잰다.

가벼운 구슬이 있는 그룹일 경우 한쪽으로 올라간 저울의 구슬이 무게가 다른 구슬이고, 무거운 구슬이 있는 그룹일 경우는 내려간 저울의 구슬이 무게가 다른 구슬이다. 만약 수평을 이룬다면 저울에 올리지 않는 나머지 한 개의 구슬이 무게가 다른 구슬이다. 그룹에 속하지 않은 한 개의 구슬이 무게가 다를 경우 나머지 9개의 구슬 중 하나와 무게를 재면 무거운 구슬인지, 가벼운 구슬인지 알 수 있게 된다.

 아빠, 그러고 보니 기준이 되는 것을 정하는 과정이 가장 중요하네요. 기준을 정하는데 저울을 두 번이나 사용했지만, 그러고

그룹 ❸에 무거운 구슬이 있는 경우

나니까 한 번 만에 무게가 다른 구슬을 골라낼 수 있는 것이 신기해요.

 그래, 기준을 정하는 것은 너무나 중요한 일이지. 기준을 다른 말로 표현하면 '표준'이라고 할 수 있는데, 표준을 제대로 정하기만 하면 복잡하거나 어려워 보이는 일들이 의외로 간단하게 해결될 수 있단다. 그렇기 때문에 국가마다 과학과 기술, 그리고 산업의 표준을 연구하는 국가 표준 연구소가 있지. 표준을 정하는 일이 과학 기술의 가장 기초가 되기 때문에 과

학 기술이 발달한 나라일수록 표준 연구가 아주 활발하게 이
루어지고 있단다.

그럼 어떤 표준들을 연구하고 있나요? 무척 많을 것 같은데요.

너무나 많지만, 그중에서도 가장 기본이 되는 표준 중의 표준
은 '질량'과 '길이' 그리고 '시간'이란다. 어떤 물질이나 물체
가 있을 때 그것의 존재는 질량, 그것의 움직임은 시간에 따
른 위치의 변화로 표현할 수 있기 때문에 이 세 가지를 '물리
의 기본 단위'라고 부르고 있지.

정말 질량, 길이, 시간의 단위로 다 표현이 되네요.

물리학에서는 단위를 보면 그것이 무엇을 의미하는 지가 전
부 보인단다. 그렇기 때문에 복잡한 계산으로 문제를 풀었다
해도 단위가 맞지 않으면 문제를 푸는 과정에서 뭔가 잘못되
었다는 것을 금방 알 수 있지.
기본적인 것에서부터 복잡한 것까지 모든 현상을 설명하기
위해서는 논리적으로 조금의 빈틈도 허용해서는 안 된단다.
만약 그렇지 않으면 이론은 결국 무너지게 돼. 그래서 물리법
칙은 조건이 같다면 누구에게나, 언제나, 어디서나 항상 동일
한 결과가 나오게 된단다. 이런 것을 객관성과 보편성이라고

MKS 단위계란?

국제적으로 길이의 단위는 미터(meter, m), 질량은 킬로그램(kilogram, Kg), 시간은 초(second, s)를 사용하기 때문에 길이의 M, 질량의 K, 시간의 S를 따서 'MKS 단위'라고 불러요. 동시에 국제단위계(國際單位系; Système international d'unités)라는 뜻의 프랑스어 약자를 써서 'SI 단위'라고도 부르죠.

이 세 가지 기본 단위를 토대로 세상에서 일어나는 모든 물리현상을 표현하고 있으니 정말 대단하지 않나요? 예를 들어, 자동차가 움직일 때의 속도는 단위 시간에 이동한 거리로 표현하기 때문에 이동한 거리를 걸린 시간으로 나누면 돼요. 즉, 자동차가 시속 100킬로미터(km)의 속도로 움직인다면 이것을 표준단위로 표현하기 위해서는 100킬로미터를 미터(m)로 바꾸고 한 시간을 초(s)로 바꾸면 되겠죠. 1킬로미터가 1,000미터이고 1시간이 3,600초니까 100×1,000미터/3,600초=27.78미터/초가 되는 거예요. 길이의 표준단위인 미터(m)와 시간의 표준단위인 초(s)로 잘 표현되죠?

힘이나 에너지도 마찬가지예요. 힘의 단위는 '뉴턴(N)'이지만 원래 힘은 질량과 가속도의 곱으로 나타내요. 질량(kg)과 가속도($m \times s^{-2}$)를 곱하면 [$N=kg \times m \times s^{-2}$]가 되는 것이죠. 에너지의 경우도 '주울(J)'이란 에너지의 단위가 힘과 거리의 곱이기 때문에 [J]=[N]×[m]=[$kg \times m^2 \times s^{-2}$]가 된답니다. 어때요? 이제 MKS 단위에 대해 잘 알 수 있겠죠?

하는데 이것이 충족되지 않으면 과학이라고 말할 수 없어. 혹시 옛날 중국에서 동물을 어떻게 분류했는지 들어봤니?

아니요? 뭐 포유류, 조류, 곤충…. 대략 이런 식으로 구분하지 않았을까요? 그런데 갑자기 왜요?

우선 무엇인가를 분류하려면 기준이 있어야 하겠지. 그런데 만약 나를 기준으로 내가 좋아하는 동물과 그렇지 않은 것으로 분류한다면 개인적인 취향에 따라 다르기 때문에 다른 사람들에게는 전혀 적용할 수가 없겠지. 그래서 기준은 모든 사람들이 받아들일 수 있는 것이어야만 모두에게 의미가 있단다.

 기준이라면 당연히 그래야겠네요.

 자, 그럼 고대 중국의 한 백과사전은 동물을 어떻게 분류했는지 한 번 들어보겠니?
황제에 속하는 동물, 향료로 처리하여 박제로 보존된 동물, 사육동물, 젖을 빼는 돼지, 인어, 전설상의 동물, 주인 없는 개, 광폭한 동물, 낙타털처럼 미세한 털로 된 붓으로 그릴 수 있는 동물, 꽃병을 깨뜨린 동물, 멀리서 보면 파리처럼 보이는 동물, 이 분류에 포함되는 동물, 기타 등등….

 동물을 이런 식으로 분류하다니 말도 안 돼요. 왜 이렇게 분류를 했을까요?

 나름대로 뭔가 기준을 가지고 분류를 한 것이겠지만 도무지 이해가 가지 않지? 우리들이 보기에도 전혀 일관성이 없다는 것을 금방 알 수 있는데 당시 백과사전을 저술한 중국학자들이 추호의 의심도 없이 그대로 이 분류를 받아들였다는 사실이 더 놀랍단다. 아니, 솔직히 두려운 마음도 있어. 동양 사회는 관계와 예의를 너무 중시하다 보니 이런 실수를 하기가 쉽지. 과학을 하는 사람들은 이렇게 자기중심적이고 주관적인 것들을 아주 조심해야 한단다.

물리는 그저 시험을 보기 위한 과목이 아니네요. 어떤 현상을 보면 모두가 받아들일 수 있는 기본적인 원칙들을 토대로 이해하려고 노력하는 건가 봐요.

우림이가 물리에 대해 아주 근사한 정의를 내렸구나. 맞는 말이야. 기본적인 원칙들을 이해하려고 하면 자연스럽게 근본적인 질문을 많이 하게 되지. 결국 그런 태도가 본질을 파악하는 능력, 즉 사물에 대한 통찰력을 길러준단다. 그것이 물리의 중요한 역할인 거야.

> 과학에서 중요한 것은 새로운 사실을 얻는 것보다 새로운 사실을 생각해 내는 법을 찾아내는 것이다.
>
> The important thing in science is not so much to obtain new facts as to discover new ways of thinking about them.
>
> - 윌리엄 브래그(William Bragg)

05

KTX는
빨리 달리고 싶다?!

KTX를 타고 여행을 가니까 너무 신나요. 아빠, 저기 모니터 좀 보세요. 지금 우리가 시속 300km로 가고 있대요. 기차가 어떻게 이렇게 빨리 달릴 수 있죠?

KTX는 세계에서도 빠르기로 손꼽히는 열차란다. 말이 나온 김에 이렇게 빨리 가려면 뭐가 필요할지 같이 생각해볼까? KTX 말고 빨리 달리는 게 또 뭐가 있지?

음~, F-1 인가? 그 경주용 자동차도 빠르지 않아요?

포뮬러 원 말이구나. 그것을 보면 어떤 생각이 떠오르니?

혼자 탄다는 거, 바퀴가 무척 두껍고 거의 바닥에 붙어서 간다는 거, 그리고 엄청 소리가 요란하다는 정도인데요.

그럼 네가 말한 포뮬러 원(F-1)의 이미지를 물리적인 방법으로 다시 표현해보자. 이제 우리 한 번 '**왜, 까**' 안경을 같이 써 보도록 할까?

> ### 호기심을 기르는 방법, '왜', '까' 안경 쓰기
> 위대한 물리학자들은 당연해 보이는 것들에 호기심을 가지고 '왜', '까'라는 두 글자를 잘 넣는 사람들이었어요. 그 방법은 아주 쉽습니다. 평범한 문장의 맨 앞에 '왜'를 넣고, 문장의 끝에 '까'만 넣어주면 돼요. 예를 들어, "보름달은 매우 밝다"라는 문장의 맨 앞과 뒤에 '왜', '까'를 넣어서, "왜 보름달은 매우 밝을까?"라는 질문을 만드는 거예요. 이런 연습을 많이 하면 여러분도 훌륭한 물리학자가 될 수 있을 거예요.

첫 번째, "**왜** 포뮬러 원은 혼자 탈**까**?"

그거야 빨리 달리기 위해서는 작고 가벼워야 하니까 그런 것 아니에요?

그럼, 빨리 달리기 위해서는 작고 가벼운 것이 좋겠구나.
두 번째, "**왜** 포뮬러 원은 바퀴가 무척 두껍고, 거의 바닥에 붙어서 갈**까**?"

빨리 가면 꼬부라진 길에서 미끄러지기 쉬우니까요.

빨리 달릴 땐 꼬부라진 길, 좀 유식한 표현으로 '곡선 주행로'에서 미끄러지기 쉽겠구나.
세 번째, "**왜** 포뮬러 원은 소리가 엄청 요란할**까**?"

빨리 가려면 강력한 힘이 필요하니까 힘이 센 엔진을 사용하다 보니 소리가 요란한 거 아닐까요?

 빨리 달리려면 강한 힘이 필요해서 강력한 엔진을 사용하는구나? 그럼 이제 우림이 네가 말한 것을 정리해볼까?
빨리 달리기 위해선 작고 가벼워야 하고, 꼬부라진 길에서는 미끄러지기 쉬우니까 차체가 낮고 바퀴가 굵어서 접지력이 좋아야 하며, 강력한 엔진을 사용해야 한다! 와~, 우리가 초고속 자동차를 만드는 '비법'을 발견했는걸!

 '비법'이라고 할 것까지야….

 자, 그럼 이제부터 우리가 직접 KTX를 만든다고 생각하고 이 '비법'을 적용해볼까?
〈비법 1. 작고 가벼워야 한다.〉

 KTX는 포뮬러 원과는 다르게 많은 사람을 실어 날라야 하는데, 작게 만들면 의미가 없을 것 같은데요…. 아! 대신 빨리 달리면 공기저항을 많이 받을 테니 모양을 유선형으로 디자인하는 것이 좋겠네요.

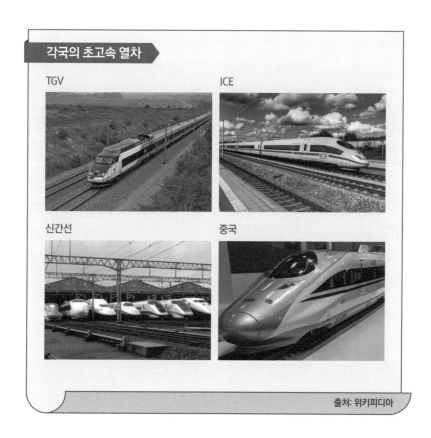

출처: 위키피디아

 맞아. 실제로 KTX를 보면 멋진 유선형 모양을 갖고 있지. 모든 초고속 열차는 공기 저항을 적게 받도록 디자인이 되어 있는데, 이것을 '공기역학적(Aerodynamic) 디자인'이라고 한단다.

 그런데, 가볍게 만들려면 어떻게 해야 할까요?

그 질문에 대답하기 전에 아빠가 먼저 질문 하나 해도 될까? KTX는 전기로 가는 전동차인데, 서울에서 부산까지 갈 때 전기세가 얼마나 들 것 같니?

전기세요? KTX도 전기세를 내요? 음…, 사람이 많이 타고, 빨리 달리니까 전력 소모가 클 것 같아요.

서울에서 부산까지 가는 데 약 100만 원가량(14,010kWh)의 돈이 든다고 해. 그런데 기존 철도를 이용해서 구포를 경유할 때는 97만 원 정도이고, 수원을 경유해서 더 천천히 갈 때는 85만 원이 든다는구나.

천천히 가면 갈수록 전기세가 적게 드네요.

바꿔 말하면 빨리 갈수록 전력 소모가 커지는 거지. 그렇기 때문에 KTX를 가볍게 만드는 법을 아는 것 못지않게, '왜 가볍게 만들어야 하는지'를 먼저 생각해 보는 것이 중요하단다.
너도 운동할 때 걷는 것보다는 뛰는 것이 더 힘이 들지? 뛰게 되면 땀도 나고 숨도 차고 말이야. 모든 것이 움직이려면 에너지가 필요한데, KTX도 마찬가지야. 빨리 달리려면 더 많은 에너지가 필요한 거야.
아빠가 또 하나 질문해볼까? 시속 100km/h로 달리는 기차

가 시속 300km/h로 달릴 때 운동에너지는 얼마나 증가할
까?

속력이 3배 증가했으니까 운동에너지도 3배로 증가하지 않
았을까요?

그럴 것 같지? 그런데 운동에너지는 속력의 제곱에 비례하
기 때문에 KTX가 시속 300km/h의 속력으로 달린다면 시속
100km/h로 달릴 때보다 9배나 많은 에너지가 필요하단다.
공기저항이나 여러 가지 마찰에 의한 에너지 손실을 감안하
면 더 많은 에너지가 들어가니까 실제로는 거의 10배의 에너
지가 필요하다고 보면 되지.

빨리 가는 것도 좋지만, 10배나 많은 에너지를 소비한다면 너무
낭비 아니에요?

그렇게 생각할 수도 있지만, 돈으로 환산하기 어려운 중요한
일들도 많이 있단다. 다만, 비용증가로 인해 요금이 너무 비
싸지면 많은 사람이 이용하기가 어려워지겠지.

그럼, 이게 가볍게 만드는 것과 상관이 있는 거예요?

운동에너지를 구하는 식

$$E_k = \frac{1}{2}mv^2$$

E_k = 물체의 운동에너지
m = 물체의 질량
v = 물체의 속력

영어 알파벳 문자로 쓰여서 어렵게 느껴질 수도 있지만, 이 식이 얘기하는 바는 물체의 운동에너지는 두 가지 요소에만 관련된다는 거예요. 바로 물체의 질량과 속력이지요. 물체의 모양이나 색깔, 재질, 종류, 물질의 상태(고체, 액체, 기체) 등과는 상관이 없다는 뜻이에요. 그런데, 운동에너지는 질량과는 달리 속력의 경우는 제곱에 비례해요. 즉, 속력이 2배로 커지면 운동에너지는 4배로 증가하지요. 그러니까 KTX가 시속 300km/h의 속력으로 달린다면 시속 100km/h로 달릴 때보다 9배 많은 에너지를 공급해 주어야 한답니다.

그럼, 당연하지. 아까 아빠가 운동에너지는 속력, 그리고 무엇과 관련이 있다고 했지?

질량이요!

그렇지. 속도를 증가시키기 위해선 많은 에너지가 필요하지만 대신에 질량을 줄일 수 있다면 그만큼 에너지를 절약할 수 있겠지. 그래서 KTX를 가볍게 만들기 위해서 가볍지만 강도가 높은 알루미늄 합금으로 차체를 만든단다. 철보다 가벼운

알루미늄을 가래떡 뽑듯 한 번에 통으로 뽑아 만들면 가벼울
뿐만 아니라 아주 튼튼해서 시속 300km/h로 달려도 안전한
차체가 되지.

기존 열차와 KTX의 중량 차이

기존의 특급열차인 새마을호의 경우는 객차 한 개의 중량이 43톤이고 기관차는 무
려 120톤이나 된다고 해요. 경부선 새마을호는 앞뒤 기관차와 객차 12량이 한 세트
로 운행되는데, 기차 중량만 약 1,000톤에 달한다고 하네요. 반면, 20량이 한 편성
으로 전체 길이가 388m나 되는 KTX는 전체 중량이 771톤이라고 하니 상대적으로
많이 가볍죠? 현재 '해무'라는 시속 400km/h의 속도로 달리는 초고속열차도 연구
중인데, 알루미늄합금만이 아니라 탄소섬유복합체를 사용해서 더욱 가볍게 만든다
고 합니다.

그럼 두 번째 비법으로 넘어가 볼까?
〈비법 2. 곡선 주행로에서 미끄러지지 않아야 한다.〉

곡선 주행로에서 미끄러지는 것은 원심력 때문이죠? 그래서
포뮬러 원은 미끄러지지 않게 바퀴가 두꺼운 거고요.

그래, 제법이구나. 원심력이란 곡선 길을 갈 때 바깥쪽으로 쏠

리는 힘을 말하는데, 원심력도 운동에너지처럼 속력의 제곱에 비례하지. KTX가 시속 300km/h로 달리면 시속 100km/h로 달릴 때보다 9배나 커지는 거야. 그러니까 곡선 주행로에서는 그만큼 탈선하기가 쉽단다.

KTX가 그렇게 위험하면 어떻게 해요?

원심력은 철로가 휘어진 곡률반경에 반비례하는 특징이 있단다. 그래서 원심력을 작게 하려면 곡률반경을 크게 하면 되는데, 만약 무한대가 된다면 원심력은 0이 되어 없어지고 말 거야.

네? 원심력을 0으로 만들 수 있어요?

곡률반경이 무한대인 것이 바로 직선이란다. 포뮬러 원에서는 접지력을 향상하기 위해 굵은 타이어 바퀴를 사용하지만, KTX는 가뜩이나 무거운 쇠바퀴를 더 굵게 만드는 대신 철로를 일직선으로 건설해서 원심력이 발생하지 않도록 미연에 방지하는 거야. 그렇기 때문에 KTX는 일반 철도와는 다르게 터널과 다리가 유난히 많단다. 그뿐만 아니라 일직선이면 철로 길이도 짧아지니까 같은 속력으로 달리더라도 더 빠르게 목적지에 도착하겠지?

그럼, 이제 마지막 세 번째 비법을 알아보자.

원심력을 구하는 식

$$Fc = \frac{mv^2}{r}$$

Fc : 원심력

m : 물체의 질량

v : 물체의 속력

r : 곡률반경

물체에 작용하는 원심력(Fc)은 운동에너지처럼 속력의 제곱에 비례하기 때문에 속력이 3배가 되면 원심력은 9배로 증가하지요. 그래서 곡선 코스에서는 기차들이 안전을 위해서 속력을 줄여야 해요. 그리고 철도의 곡률반경(Rradius of curvature; 철로가 휘어진 정도)에는 반비례하기 때문에 곡률반경이 작아지면 원심력은 커지고, 곡률반경이 커지면 원심력은 작아지게 되지요.

〈비법 3. 빨리 달리기 위해서는 강력한 엔진을 달아야 한다.〉

 빨리 달리려면 힘이 좋아야 하니까 너무 당연해서 비법이라고 할 수도 없는 것 같아요.

 힘이 세면 좋기는 하지만, 필요 이상으로 엔진이 크면 오히려 무게가 증가해서 효율적이지 않단다. 그러니 적절하게 엔진 출력을 선택하는 것이 좋겠지. KTX는 20량(칸)으로 정원 965명을 수송하기 위해 12개의 전동기를 사용하여 총

13,530kW의 출력을 낸단다. 이게 얼마나 큰 것인지 감이 안 오지? 출력을 마력(馬力; horse power, 1마력=735.5W)으로 바꾸면 약 18,400마력 정도가 되니까 대략 중형차 180대 정도가 KTX를 끌고 간다고 보면 될 거야.

 그럼, KTX란 빨리 달리기 위해 일반 열차보다 가볍게 만들고, 철로를 일직선으로 만들어서 힘이 센 전동기를 단 열차라고 할 수 있겠네요.

 아주 정확한 표현이구나. KTX에는 여러 가지 복잡하고 많은 기술들이 필요하지만, 가장 핵심적인 기술은 단순한 물리 원칙에 근거한 것이란다. 이렇듯 우리가 보기에 복잡해 보이는 여러 기술이나 현상들도 대부분은 단순한 몇 개의 물리법칙으로 설명이 되기 때문에 물리가 멋있는 거야.

진리는 언제나 단순함 속에 발견되지, 사물의 복잡함과 혼란함에 있지 않다.

Truth is ever to be found in simplicity, and not in the multiplicity and confusion of things.

– 아이작 뉴턴(Isaac Newton)

06

빛이
공기보다 작다고?

 아빠! 시원한 바람이 들어오게 창문 좀 열어주세요. 햇빛이 바로 들어오니까 방 안이 덥네요.

 요녀석! 아빠를 부려먹으려 하다니….

 헤헤, 부탁드려요.

 그런데 유리창은 정말 희한하지 않니? 햇빛은 유리창을 통과해서 들어오는데, 왜 바깥의 시원한 공기는 들어오지 못할까?

 네? 아빠가 희한한 거 아니에요? 바람은 막아주되 햇빛은 들어오라고 일부러 투명한 유리창을 다는 거잖아요.

 잘 생각해봐. 철판이나 벽돌 같은 것은 바람뿐만 아니라 빛도 통과하지 못하는데, 유리는 빛은 투과되고 공기는 통과하지 못하잖아.

 그렇긴 하네요. 유리창은 막혀 있으니까 질소나 산소와 같은 기체 분자로 된 바람은 통과 못 하는데, 빛은 왜 투과할까요?

 그치? 신기하지? 그럼 유리창이 막혀 있다는 말은 무슨 뜻일까?

 아빠, 당연한 걸 왜 자꾸 물어보세요? 하수구가 막히면 물이 안 내려가는 것처럼, 흘러갈 틈이 없으니까 그러는 거잖아요.

 하하하! '흘러갈 틈'이라! 우림아, 물질을 이루고 있는 가장 작은 알갱이가 원자라는 건 저번에 배웠지? 또 원자는 가운데 핵이 있고 전자가 그 주위를 도는데, 핵은 다시 양성자와 중성자로 이루어졌다고 말이야. 그중에서도 수소는 양성자 한 개와 전자 한 개로 이루어져서 가장 작고 가벼운 원자인데, 크기는 대략 1옹스트롬($Å$, 10^{-10}m) 정도 된단다. 그런데 핵인 양성자의 지름은 원자의 약 1/57,000(약 1.7×10^{-15}m)밖에 안 돼.

 음…, 크기가 잘 와 닿지가 않아요. 단위도 생소하고요.

 그러면 야구공으로 비유해 볼까? 야구공의 크기는 대략 7cm 정도 되는데, 수소 원자핵이 야구공만 하다고 하면 전자는 2km나 떨어진 거리에 있는 거야. 다시 말해서 잠실야구장 베이스 위에 야구공만 한 원자핵이 있으면, 전자는 한강 건너편에서 돌고 있는 셈이지. 그 사이에는 아무 것도 없이 텅 비어

전자와 핵의 발견

모든 물질은 더 이상 분해가 불가능한 기본 입자로 되어 있다고 고대 그리스의 데모크리토스(기원전 460~370년)가 주장했어요. 근대에 와서는 1808년에 영국 화학자 존 돌턴에 의해 '질량 보존의 법칙', '정비례의 법칙'을 설명하기 위해 원자론이 주창되었지요. 그런데, 영국의 물리학자 존 톰슨이 음극선 실험을 통해 (-) 전하를 띠고 있는 입자가 원자 안에 있다는 것을 발견하여 1897년에 새로운 전자 모형을 발표했어요. (+) 전하를 가진 원자 속에 (-) 전하의 전자가 박혀 있다는 일명 '푸딩모형'이었지요.

톰슨의 제자였던 어니스트 러더퍼드는 알파입자(헬륨의 핵)를 얇은 금박에 충돌시키는 산란실험을 하다가 대부분의 알파입자는 투과하는데 극히 일부의 알파입자가 튕겨 나오는 것을 발견했어요. 이 실험으로 러더퍼드는 원자의 중심에 원자 질량의 대부분을 차지하는 (+) 전하를 띠는 물질이 있다는 것을 알게 되었고, 이를 '원자핵'이라고 불렀습니다. 그는 부피가 작고 밀도가 큰 (+) 원자핵이 중심에 있고, 그 주위에 (-) 전하를 띠는 전자가 돌고 있다는 '행성모형'을 주장했어요.

1932년엔 제임스 채드윅이 알파입자를 베릴륨 원자핵에 충돌시켰을 때 전하를 띠지 않는 입자가 방출된다는 것을 발견하여 이를 '중성자'라고 이름을 붙였어요. 이를 통해 이해되지 않았던 헬륨 원자핵의 질량을 설명할 수 있게 되었답니다.

있고 말이야.

그럼 뻥 뚫린 거나 마찬가지인데, 공기 분자가 유리창을 통과하지 못한다니 말도 안 돼요.

어떤 물질이 (+) 전기를 띠게 하는 것을 '양전하', (-) 전기를

띠게 하는 것을 '음전하'라고 부른단다. 이때 극성이 같으면
서로 밀치고, 다르면 서로 잡아당기는 특성이 있지.

전하가 서로 밀치는 것을 '척력', 잡아당기는 힘을 '인력'이라
고 하는데, 이 '인력'과 '척력'을 '전기력'이라고 해. 프랑스의
쿨롱(Coulomb)이라는 사람이 그 크기를 알아냈다고 해서 '쿨
롱 힘'이라고 부르고 전하의 단위도 '쿨롱'이라고 쓴단다. 재
미있는 것은 전기력도 뉴턴의 '만유인력'과 형태가 비슷하다
는 거야. 두 전하의 곱에 비례하고, 서로 떨어진 거리의 제곱
에 반비례하는 거지.

쿨롱 힘(전기력)

두 전하가 있을 때 그 사이에 작용하는 쿨롱의 전기력은 아래의 식처럼 각 전하의 크
기에 비례하고, 거리의 제곱에 반비례해요. 전하의 극성이 같으면 (+)가 되어 척력이
되고, 다르면 (−)가 되어 인력이 된답니다. 쿨롱의 전기력은 간단히 쿨롱 힘이라고도
해요.

$$F_e = k_e \frac{q_1 q_2}{r^2}$$

F_e : 두 전하 사이의 전기력(쿨롱 힘)

k_e : 쿨롱 상수($k_e = 9.0 \cdot 10^9 Nm^2 C^{-2}$)

q_1, q_2 : 전하의 크기(양전하(+), 음전하(−))

r : 전하 사이의 거리

전하의 크기가 2배가 되면 힘이 2배가 되는데 반해, 전하 사이의 거리가 2배로 증가
하면 힘의 크기는 1/4로 줄어들게 되지요.

그러면, 이번에는 만유인력과 전기력의 크기가 어떤지 비교해 볼까?

전기력과 만유인력의 크기가 많이 다른가요?

만유인력과 전기력의 공식을 이용하여 계산해 보면, 수소원자를 이루고 있는 양성자와 전자 사이의 전기력은 만유인력보다 무려 2.3×10^{39}배가 크단다.

아빠, 이게 얼마나 큰 수인지 실감이 안 나요.

숫자로는 1,000,000,000,000,000,000,000,000,000,000,000,000,000,000이며, 1 뒤에 0이 39개나 붙은 거란다.

이 수가 얼마나 큰 것인지 제대로 알기 위해 원자와 우주의 크기를 비교해 볼까? 우주론에 의하면 실제 우주의 크기는 얼마나 큰지 알 수 없지만, 이론적으로 관측 가능한 우주의 지름은 930억 광년, 즉 8.8×10^{26}m란다. 빛의 속도로 간다 하더라도 930억 년이 걸린다는 뜻이지. 우주에서 가장 작은 원자는 수소 원자인데, 그 지름이 10^{-10}m니까, 우주의 지름과 수소 원자 크기를 비교해 보면 8.8×10^{36}이 된단다. 그러니까 전기력과 중력의 상대적 크기에 비하면 1/250밖에 되지 않는 셈이지.

쿨롱 힘과 만유인력의 크기 비교

쿨롱 힘을 F_e, 만유인력을 F_g라고 하고, 각각의 공식을 이용해서 아래와 같이 계산하면 쿨롱 힘이 만유인력보다 2.27×10^{39}배 크다는 결과가 나와요. 이것이 얼마나 큰 것인지 실감이 나지 않죠?

$$F_e/F_g = \frac{\dfrac{k_e q_p q_e}{r^2}}{\dfrac{G m_p m_e}{r^2}} = \frac{k_e q_p q_e}{G m_p m_e}$$

$$= \frac{9.0 \cdot 10^9 \times (1.6 \cdot 10^{-19})^2}{6.67 \cdot 10^{-11} \times 1.67 \cdot 10^{-27} \times 9.11 \cdot 10^{-31}} = 2.27 \cdot 10^{39}$$

$k_e = 9 \cdot 10^9 Nm^2 C^{-2}$, 쿨롱 상수

$q_p = 1.6 \cdot 10^{-19} C$, 양성자의 전하량

$q_e = -1.6 \cdot 10^{-19} C$, 전자의 전하량

$G = 6.67 \cdot 10^{-11} Nm^2 kg^{-2}$, 만유인력 상수

$m_p = 1.67 \cdot 10^{-27} kg$, 양성자의 질량

$m_e = 9.11 \cdot 10^{-31} kg$, 전자의 질량

쿨롱 힘과 중력의 크기가 이 세상에서 가장 큰 우주와 가장 작은 원자를 비교한 것보다도 250배나 더 차이가 난다는 말이에요?

바로 그렇단다. 그렇기 때문에 유리창이 뻥 뚫린 것 같아도 공기 분자가 가까이 가면 쿨롱 힘이 작용해서 유리창과 공기의

전자들이 아주 큰 힘으로 반발하여 공기 분자가 유리창을 뚫고 지나가지 못하는 거야.

 그렇게 전기력이 강하면 햇빛은 어떻게 지나가는 거예요?

 아주 좋은 질문이구나. 그것은 햇빛이 전자기파(Electromagnetic wave)라는 파동(wave)이기 때문에 가능한 거란다. 마치 수면 위에 돌을 던지면 물 자체는 이동하지 않지만, 물의 출렁임은 멀리까지 전파되는 것과 같은 원리이지.

햇빛이 유리창에 가까이 오면 유리창 표면의 전자가 햇빛의 파동에 따라 진동하게 되고, 그 진동이 유리창 내부의 분자들에게도 전달되어 결국 유리창을 통과한 것처럼 보이게 된단다. 따라서 엄밀히 말하면 방 안에 들어온 빛은 밖에서 온 햇빛이 아니라 유리 분자들의 전자가 진동해서 만들어낸 것이지. 그렇지만 들어온 햇빛과 똑같은 진동수를 가진 빛이기에 서로 구분할 수는 없단다.

 파동이라는 건 참 신기하네요.

 모든 물질이 유리처럼 햇빛을 투과시키는 것은 아니란다. 금속이나 벽돌 같은 물질들은 햇빛을 흡수해 버리기 때문에 투명하질 않지. 물질마다 자신의 고유 진동수가 있어서 그것에 해당하는 전자기파가 들어오면 공명을 일으켜서 그대로 전파되지만, 그렇지 않으면 흡수되어 열과 같은 다른 에너지의 형태로 바뀌게 된단다. 그래서 유리라 해도 가시광선이 아니라 자외선이 들어온다면 그냥 흡수해 버리고 말지.

아빠! 빛이 눈에 보이는 전자기파라고는 하지만, 전기나 자기는 눈으로 볼 수 있는 것이 아닌데 서로 관련있다는 말이 잘 이해가 안 가요.

우리는 빛이 전자기파라고 쉽게 얘기하지만, 전자기파의 존재가 밝혀진 것이 19세기 후반이니까, 그 이전 사람들은 빛이 전자기적 현상과 관련 있다고는 전혀 생각지 못했단다. 사실은 전기와 자기가 서로 연관 관계가 있다는 것도 잘 몰랐어. 우림이 너 패러데이라는 사람에 대해서 들어봤니?

선글라스의 비밀

일반적인 투명한 유리나 플라스틱은 자외선을 흡수하는 성질이 있어서 자외선 차단이 잘 되지요. 오히려 자외선을 잘 투과시키려고 할 때 특수한 물질이 필요하답니다. 선글라스 렌즈가 짙은 어두운 색이거나 거울처럼 코팅되어 있는 것은 눈이 부시지 않게 가시광의 양을 감소시키는 역할을 해요.

아빠…, 이젠 그냥 설명해주시면 안 돼요?

 하하, 그럼 패러데이 법칙도 모르겠구나. 패러데이라는 사람은 전기가 흐르면 그 주위에 자기장이 생기고, 또 자기장의 세기가 변하면 전기가 발생한다는 사실을 이용하여 전기 만드는 방법을 고안했단다. 패러데이 덕분에 오늘날 전기 문명이 발전한 것이지.

 그분이 아니었으면 SNS도 인터넷도 못 할 뻔했네요. 그래서 패러데이는 어떻게 했어요?

 그는 빛이 전자기 현상과 연관이 있다고 굳게 믿었어. 그래서 먼저 전기장 속에서 납유리에 편광된 빛을 보내면서 어떤 변화가 생기는지 살펴보기로 했단다.

 그 실험을 통해서 전기장이 빛에 영향을 주었다는 것을 확인했군요!

 아니, 아쉽게도 당시의 기술로는 편광된 빛의 변화를 확인할 수 없었단다. 한마디로 실패한 거지.

 실험에 실패했다고요? 그럼 그 사실을 어떻게 알게 된 거예요?

패러데이는 실험에 실패했지만 포기하지 않았어. 왜냐하면 자기 생각이 틀림없다고 확신했거든. 그래서 다른 실험을 생각했단다. 소위 말하는 플랜 B인 셈이지.

플랜 B요?

실험을 하게 되면 한 번에 성공하는 경우는 거의 없단다. 그렇게 쉽게 되는 거면 이미 다른 사람들이 발견하지 않았겠니? 비록 첫 번째 방법에 실패했더라도 실패 원인을 분석하고 다른 방법을 계속 적용해서 실험하는 것이 일반적이란다. 패러데이처럼 말이지.

아무튼, 전기장으로 한 첫 번째 실험은 실패로 돌아갔지만, 패러데이는 포기하지 않고 두 번째로 자기장 실험을 했어.

패러데이의 플랜 B는 자기장을 가지고 하는 것이었군요? 그래서 어떻게 되었어요?

이번에는 멋지게 성공을 했단다. 자기장을 가하니까 빛의 편광 방향이 바뀌는 것을 발견한 것이지. 그것도 아주 규칙적으로 말이야. 자기장의 크기가 크면 큰 만큼, 빛이 자기장을 통과하는 길이가 길면 긴 만큼 정확하게 변화되었어. 그래서 그걸 '패러데이 효과'라고 부르게 됐단다. 이렇게 패러데이는 실험으로 빛이 전자기 현상과 깊은 연관이 있다는 것을 증명했어.

 와~, 패러데이 최고!

 패러데이의 업적은 너무나 대단하지만, 이 업적이 더욱 빛날 수 있었던 것은 그의 실험 결과들을 4개의 방정식으로 명쾌하게 정리한 제임스 클락 맥스웰(James Clerk Maxwell)이라는 사람이 있었기 때문이란다.

이 맥스웰 방정식 역시 너무나 대단한 것인데, 그 당시는 '전자기파(Electromagnetic wave)'의 존재조차 잘 모르던 시절임에도 불구하고 이 식은 전자기파를 수학적으로 정확하게 기술했단다. 심지어 전자기파의 속도가 얼마인지까지 예견했지. 아인슈타인 같은 천재마저도 모든 전자기 현상을 단지 4개의 식으로 통합한 그의 업적은 뉴턴에 버금갈 만큼 대단하다고 극찬했어. 그래서 아인슈타인이 가장 존경하는 물리학자도 맥스웰이라고 하는구나.

 아인슈타인 같은 천재 물리학자가 가장 존경했다고요?

 물리학의 성과는 어떤 한 천재에 의해서 이뤄지는 것이 아니란다. 뉴턴의 운동 법칙은 케플러의 법칙이 토대가 되었고, 맥스웰의 네 가지 방정식도 패러데이 같은 물리학자의 피땀 어

패러데이의 전자기 유도 실험과 패러데이 효과

패러데이는 전기와 자기의 성질을 알기 위해 무수히 많은 실험을 했어요. 실험을 하다가 감전도 많이 되어 패러데이의 손은 화상으로 인한 상처투성이였다고 해요. 그래도 포기하지 않고 꾸준한 실험으로 전기를 만드는 방법을 알아냈기에 오늘날 우리가 전기 문명을 누리고 살 수 있게 되었죠. 너무나 고마운 분이에요.

아래 그림은 패러데이가 고안한 전자기 유도 실험 장치예요. 왼쪽의 스위치를 연결하면 볼타전지에서 전기가 흐르기 시작하는데, 바로 그때 오른쪽 전선에 연결된 전류계에도 순간적으로 전기가 흐르게 되죠. 마찬가지로 왼쪽 스위치를 뗄 때도 오른쪽 전류계에 전기가 흐르게 돼요. 그런데 방향은 정반대였죠. 이 실험을 통해 자기장의 세기가 변화될 때 전기가 발생한다는 것을 발견하고 인류에게 전기 만드는 방법을 선사해 주었어요.

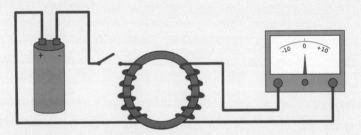

패러데이의 전자기 유도 실험 장치

그뿐만 아니라 그가 아니었다면 인터넷이나 스마트폰도 없었을 거예요. 왜냐하면, 초고속 광통신에 필수적인 부품인 레이저 빛이 반대로 돌아가지 못하게 차단하는 '광 아이솔레이터(Optical isolator)'가 있는데, 이것이 바로 '패러데이 효과'를 이용한 것이기 때문이죠.

린 노력이 있었기 때문에 가능했던 것이지. 결국 물리란 서로
가 서로를 빛나게 해주는 것이 아니겠니?

맥스웰 방정식에서 예측한 전자기파의 속도

맥스웰 방정식에서 예측한 전기와 자기의 파동, 즉 전자기파의 속도는 아래 식과 같
아요. 전기적 성질을 나타내는 유전율과 자기적 성질을 나타내는 투자율의 곱으로
표현이 되지요. 그래서 진공의 유전율과 투자율 값을 넣어 계산해 보면 정확히 진공
에서의 빛의 속도가 나온답니다. 실제로 빛의 속도를 측정해본 것도 아닌데, 맥스웰
방정식은 이미 기술하고 있다니 정말 놀랍지 않나요?

$$v_0 = \frac{1}{\sqrt{\epsilon_0 \mu_0}}$$
$$= 2.998 \cdot 10^8 m/s$$

v_0 : 전자기파의 속도(진공)
ϵ_0(진공의 유전율) : $8.854 \cdot 10{-}12F/m$
μ_0(진공의 투자율) : $1.257 \cdot 10{-}6N/A2$

$$v_0^2 = \frac{1}{\epsilon_0 \mu_0} = c^2$$

c(빛의 속도) : $2.998 \cdot 10^8 m/s$

> 과학의 한 시대가 저물고, 제임스 클러크 맥스웰과 함께 새로운 시대가 열렸다.
>
> One scientific epoch ended and another began with James Clerk Maxwell.
>
> - 알버트 아인슈타인(Albert Einstein)

아빠, 저기 봐요. 보름달이 엄청 커다래요. 저렇게 큰 건 처음 보는 거 같아요.

 오늘이 슈퍼문(Super Moon)이라고 하더니 까만 밤하늘에 정말 보석같이 밝게 빛나는구나.

 슈퍼문이요? '슈퍼맨'이 사는 달이라 '슈퍼문'인가요?

 하하하! 슈퍼맨이 사는 달이 아니고, 달이 평소보다 훨씬 크다고 해서 슈퍼문이라고 부르는 거란다.

 그럼, 달의 크기가 커졌다가 작아졌다가 한다는 말씀이세요?

 물론 실제로 달의 크기가 커졌다가 작아지는 것은 아니야. 달이 지구 주위를 도는 궤도가 타원이기 때문에 지구에 가까워지면 더 크게 보이고, 지구에서 멀어지면 상대적으로 작게 보이는 것이지. 태양과 지구, 달이 일렬로 위치할 때 달이 가장 커지는데, 이때 우리 눈에 보이는 달의 크기는 약 0.5도란다.

타원궤도를 돌고 있기 때문에 달의 크기는 실제로 0.49~0.57 도 사이에서 변하게 되지. 실제로 슈퍼문일 때 보이는 달의 크기는 제일 작을 때에 비해서 1.16배(0.57/0.49≒1.16)나 더 크단다. 숫자상으로는 얼마 안 되는 것 같지만, 전체 면적으로 보면 1.35배(1.16²≒1.35) 즉, 35%나 증가하니까 우리 눈에는 상당히 크게 보이지(그림 1).

그림 1 눈에 보이는 달의 크기 변화(왼쪽 최소, 오른쪽 최대)

가장 최근에는 2016년 11월 14일에 아주 큰 슈퍼문이 있었는데, 1948년 1월 26일 이후 68년 만에 찾아온 것이었단다. 이 기록은 2034년 11월 25일까지는 깨지지 않을 거라고 해. 21세기 최대의 슈퍼문은 지금부터 약 30년 후인 2052년 12월 6일에 있다고 하니까 어른이 되더라도 잊지 말고 꼭 보도록 하렴. 아마 놀라운 달의 모습을 볼 수 있을 거야!

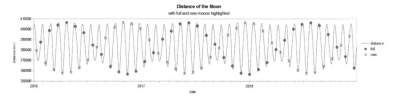

 아빠! 과학자들은 어떻게 슈퍼문 날짜를 정확하게 예측할 수 있는 거예요?

 이건 모두 뉴턴이 발견한 '만유인력법칙' 덕분이란다. 달의 운동뿐만 아니라 태양계의 행성들, 행성의 위성들 그리고 우주의 모든 천체의 움직임 즉, 우주의 질서를 설명할 수 있지. 정말 놀랍지 않니?

뉴턴의 만유인력법칙

$$F_e = G\frac{m_1 m_2}{r^2}$$

F_e : 두 점 질량간의 중력의 크기

G : 중력 상수

m_1 : 첫번째 물체의 질량

m_2 : 두번째 물체의 질량

그럼, 달이 가까이 오면 우리 눈에 커 보이는 것 말고, 지구에서 달을 느낄 수 있는 건 또 뭐가 있을까?

음…, 밀물과 썰물이 달의 인력 때문에 생긴다고 배웠어요.

맞아. 달과 지구, 태양이 일직선으로 되는 보름이나 그믐에는 조석간만의 차가 더 커지지. 달과 지구 사이의 거리가 16% 가까워지면 만유인력은 거리의 제곱에 반비례하기 때문에 달에 의한 힘이 약 35% 증가하게 된단다. 그렇지만 지구 표면에서 느끼는 조석력은 중력가속도(g)의 약 1천만분의 1(1.1×10^{-7}g)밖에 안 될 만큼 작기 때문에 거의 무시해도 된다는구나. 조석간만의 차가 고작 수 cm 정도에 불과하다니까 말이야.

슈퍼문과 대재앙?

2011년 3월 11일, 40m가 넘는 쓰나미를 발생시켜 후쿠시마 원전 사고를 일으킨 도호쿠 대지진(동일본 대지진)과 2004년 12월 26일에 쓰나미로 28만 명 이상이 사망한 인도양 지진이 공교롭게도 슈퍼문을 기점으로 2주 이내에 발생했어요. 2016년 11월 14일에 발생한 뉴질랜드 남섬의 진도 7.5 지진은 정확히 슈퍼문과 일치했고요. 그래서 이것을 증거로 슈퍼문이 대규모 재난에 영향을 준다고 주장하는 사람들이 있지만, 많은 과학자는 슈퍼문과 지진의 연관성에 동의하지 않아요. 앞으로 더 많은 연구가 이루어져야 할 것 같아요.

아빠, '블루문'은 또 뭐예요? 달이 파랗게 보이지도 않는데요.

 달은 밤하늘에 볼 수 있는 가장 큰 천체이기 때문에 나라마다 부르는 이름이 다양하단다. 우리나라에서는 보름달을 보면 뭔가 풍성하고 따듯하고 넉넉한 느낌을 갖는 반면, 서양 사람들은 보름달을 볼 때 불길한 느낌을 가진다고 해. 만약에 이런 '으스스'하고 '불길한' 보름달이 한 달에 2번이나 뜬다면 마음이 더 움츠러들겠지? 그래서 달의 색깔과는 상관없이 그런 느낌을 문학적으로 '블루문'이라 표현한 거야.

블루문이란?

달이 지구 주위를 한 바퀴 도는 공전 주기는 29.53일이고, 지구가 태양을 공전하는 주기는 365.24일이기 때문에 공전 주기가 서로 맞아떨어지지 않아요. 지구가 태양 주위를 공전하는 1년 동안 달은 지구를 12번 돌고, 약 11일을 더 돌게 된답니다. 그래서 매 2~3년마다 1년에 보름달이 13번 뜨게 되는 거예요. 정확히는 19년에 7번 이런 현상이 생기게 되지요. 1년이 4계절이니까 한 계절에 보름달 3개가 뜨는 게 보통인데, 3개가 아닌 4개가 뜨는 때 즉, 양력으로 한 달에 보름달이 두 번 뜨는 여분의 보름달을 '블루문'이라고 부른답니다.

 그럼, '블러드문'도 붉은색과 상관있는 건가요?

맞아. '블러드문'도 색깔과 상관이 있지. '해가 어두워지고 달이 핏빛같이 붉어질 것이다'라는 성경의 예언서에 나오는 표현에서 비롯되었단다. 핏빛 같은 붉은색을 띤다고 해서 붙여진 이름이지.

 달이 어떻게 핏빛 같은 붉은색이 될 수 있어요?

 저녁노을이 질 때 하늘이 붉게 물드는 것과 비슷하다고 보면 돼. 해가 뜰 때나 질 때는 태양의 고도각이 낮기 때문에 햇빛이 지구 대기층을 통과해서 우리에게 도달하는 거리가 매우 길어진단다. 그래서 질소나 산소와 같은 대기 분자와 공기 중에 떠 있는 미세 입자들에 의해 산란이 더 많이 일어나지. 빛이 산란할 때 파장이 짧은 것은 파장이 긴 것에 비해 더 많이 산란하는 특성이 있기 때문에 가시광선 중에 파장이 가장 긴 붉은색은 상대적으로 더 잘 도달하게 되므로 하늘이 붉게 보이는 거야.

개기월식 때도 비슷한 현상이 일어난단다. 지구 그림자가 달에 드리우는 현상이 월식인데, 이때 햇빛이 지구 대기를 투과하는 과정에서 붉은색의 빛이 잘 투과하니까 다른 색보다 달에 더 많이 도달하는 거야. 물론 도달하는 빛의 양이 매우 적기 때문에 월식 중인 보름달은 어둡지만 붉은색을 띠니까 검붉은 '핏빛'처럼 보이는 거지.

빛의 산란

대기 분자에서 일어나는 빛의 산란을 '레일레이 산란(Rayleigh scattering)', 미세 입자에서 일어나는 산란을 '미 산란(Mie scattering)'이라고 불러요. '레일레이 산란'의 경우는 파장의 4제곱에 반비례하기 때문에 파란색은 빨간색보다 5배 정도 많이 산란된답니다. 그래서 일출과 일몰 시에는 태양 빛이 지구의 대기를 상대적으로 더 길게 통과하기 때문에 파란색은 중간에 산란하여 없어지고, 빨간색은 더 많이 도달하기 때문에 하늘이 붉게 보이는 거랍니다. 개기월식 때도 마찬가지고요. 그렇지만 한 낮에는 파란색이 대기 중에서 많이 산란하니까 파란색이 우리 눈에 더 많이 들어오게 돼요. 그래서 하늘이 파랗게 보이는 거고요. 대낮에 태양의 고도가 높을 때 태양을 보면 주황색이 아니라 하얀색으로 보인답니다. 지구 대기를 통과해서 오는 거리가 짧아지니까 색깔에 따른 산란 효과가 상대적으로 적어지기 때문이에요. 다만, 맨눈으로 태양을 보는 것은 눈에 해로우니까 조심해야 돼요.

 우림아. 너는 태양과 달 중에서 어떤 것이 더 커 보이니?

 태양이 너무 밝아서 똑바로 본 적은 없지만, 당연히 태양이 크겠죠.

 맑은 날은 맨눈으로 태양을 보기 어렵지만, 구름이 엷게 끼거나 황사나 미세먼지로 인해 하늘이 뿌옇게 보일 때는 태양을 맨눈으로도 볼 수 있지. 물론 선명하게 보이는 것은 아니지만 말이야. 그럴 때 태양을 보면 생각보다 그렇게 커 보이진 않다는 걸 알 수 있어(그림 3). 실제로 눈에 보이는 크기는 태양과 달이 거의 비슷하지단다. 그렇기 때문에 개기일식도 일어날 수 있는 거야.

눈에 보이는 태양과 달의 크기

우리는 실제 태양이 달과는 비교할 수 없을 만큼 크다는 사실을 배워서 잘 알고 있어요. 그렇기 때문에 눈에 보이는 태양의 크기도 달보다 더 크다고 무의식적으로 생각하고 있죠. 만약 태양의 시야각(Angular diameter)이 더 크다면 달이 태양을 완전히 가리는 현상인 개기일식은 일어날 수 없을 거예요. 반대로 달의 시야각이 더 크다면 태양과 달, 지구가 정확히 일직선상에 있지 않아도 달이 태양을 가릴 수 있으니까 일식 현상이 지금보다 훨씬 자주 발생하겠죠. 그래서 우리는 늘 선입견을 조심해야 해요. 태양이 달보다 클 거 같아도 실제로 측정해 보면 둘 다 시야각이 약 0.5°로 거의 똑같답니다.

그림 3 일몰 전 태양의 모습

그럼, 보름달이 막 뜰 때는 굉장히 크게 보이는데, 막상 하늘로 올라가면 작게 보이는 이유는 뭐예요? 그것도 사실과 다른 건가요?

과학이란 단순히 눈에 보이는 것을 믿는 게 아니란다. 정확한 측정을 기반으로 검증되어야 하지. 먼저, 달까지의 거리를 생각해 볼까? 보름달이 막 뜰 때와 가장 높은 각도에 올라갔을 때를 비교해보면, 가장 높은 각도에 올라갔을 때가 오히려 지구 반지름만큼 달에 더 가깝단다(그림 4). 그런데 더 작게 보인다는 것은 뭔가 이상하지? 이것을 정확하게 확인할 수 있는 방법이 뭐가 있을까?

음~. 카메라로 사진을 찍어보면 어떨까요? 달이 동쪽에서 막 뜰 때와 높이 올라갔을 때의 사진을 찍어서 비교해 보는 거예요.

좋은 생각이구나. 실제로도 그런 방법으로 크기를 비교한단다. 그렇게 사진으로 비교하면 달이 뜰 때는 위아래가 찌그러져서 오히려 더 작아 보이니까 그 주장이 사실이 아닌 것이 명확해지지(그림 5).

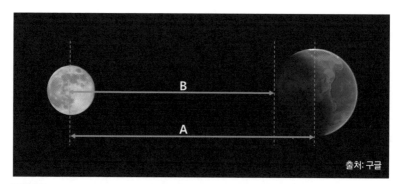

그림 4 지구와 달 사이의 거리 비교(A: 보름달이 막 뜰 때의 거리, B: 보름달이 최고도에 올랐을 때의 거리). 보름달이 뜰 때의 거리가 오히려 더 멀다

그림 5 달의 크기 비교(좌: 달이 높이 떴을 때, 우: 달이 뜰 때)

그럼 착시현상 때문에 그렇게 보이는 거예요?

 착시현상 때문인 건 맞는데, 착시현상이라는 건 사람마다 조

폰조 착시현상(Ponzo illusion)

폰조 착시현상은 이탈리아의 심리학자 마리오 폰조(Mario Ponzo)의 이름에서 유래했어요. 한마디로 지평선의 원근효과로 인해 생기는 착시현상을 말하죠. 우리 뇌는 지평선이 아주 멀기 때문에 모든 물체가 점처럼 작게 보일 거라고 미리 생각해요. 그런데 갑자기 점이 아닌 큰 물체, 즉 달이 등장하니까 상대적으로 우리 뇌에서는 아주 크게 느껴지는 거죠(그림 6). 그러다가 달이 더 높이 떠오르게 되면 지평선에서 멀어지니까 '아주 멀다'는 기대심리가 적어지게 되어 결국 달의 크기는 상대적으로 줄어드는 것처럼 느끼게 된답니다. 평소와는 다르게 달을 등지고 누워서 거울에 비춰서 본다든지, 아니면 등지고 서서 다리 사이로 거꾸로 보는 것처럼 보는 각도를 바꾸게 되면 뇌에서 만드는 이런 착시효과가 사라지게 된다고 해요.

그림 6 폰조 착시현상

출처: NASA

금씩 다를 수 있어서 어떤 사람들에겐 지평선 위의 달이 특별히 커 보이지 않는다고 하는구나. 하지만 대부분은 '폰조 착시현상'으로 인해 달이 크게 보인단다.

눈에 보이는 것을 그대로 믿으면 안 되겠네요.

보고 듣고 느낀다는 것은 우리 뇌에서 정보를 처리한 결과라는 사실을 꼭 기억해야 한단다. 이런 착시가 생기는 이유는 그래야 생존에 더 유리하기 때문이야. 사실 그대로를 이해하는 것보다, 불충분한 정보라 할지라도 치명적일 수 있는 것들을 빨리 판단하는 것이 생존에 더 중요하거든. 그러니 착시가 꼭 나쁜 것만은 아니야. 그렇지만 과학이란 객관적인 사실을 토대로 자연을 이해하는 것이기 때문에 느끼는 대로 무조건 믿지 말고, 여러 가지 다양한 각도에서 현상을 바라보는 마음가짐이 중요하단다.

우리가 반드시 기억해야 할 것은 우리가 보고 있는 자연은 진정한 자연의 모습 그대로가 아니며, 다만 우리가 연구하는 방법에 따라 각각 다르게 나타나는 자연일 뿐이라는 사실이다.

What we have to remember is that what we observe is not nature herself, but nature exposed to our method of questioning.

- 베르너 하이젠베르크(Werner Karl Heisenberg)

08

어?
색이 왜 이러지?

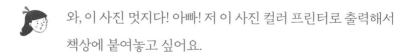

와, 이 사진 멋지다! 아빠! 저 이 사진 컬러 프린터로 출력해서 책상에 붙여놓고 싶어요.

그래, 하고 싶은 대로 하렴.

"위이잉~."

어? 사진이랑 다르게 색이 왜 이렇게 칙칙하지? 사진 용지가 아니라서 그런가? 아빠! 혹시 집에 사진 용지 있어요?

사진 용지? 찾아보면 어디 있을 텐데…. 여기 있구나!

고마워요, 아빠. 이건 사진 용지니까 잘 나오겠죠?

"위이잉~."

어? 별 차이가 없네. 왜 이렇지? 아빠, 우리 집 프린터가 고물인가 봐요. 모니터에서는 밝고 화사한 사진이 프린터로 출력하면 색이 칙칙해지네요. 프린터를 바꿔야겠어요.

 어디 볼까? 정말 색상이 어둡게 나왔네구나. 그런데 우림아, 프린터를 바꿔도 사진 색이 크게 나아지진 않을 거야.

 아빠…, 새 프린터 사주기 싫으니까 하시는 말씀이죠?

 하하하! 그런 게 아니야. 모니터로 보는 것과 종이에 인쇄했을 때 색감을 똑같이 맞추는 건 생각처럼 쉬운 일이 아니라서 그래. 혹시 'RGB'라고 들어봤니?

 들어보긴 했는데 정확히 뭔지는 모르겠어요.

 'RGB'는 Red(빨강), Green(초록), Blue(파랑)의 영어 단어에서 앞글자만 딴 단어야. 빨강, 파랑, 초록! 어디서 많이 들어본 것 같지?

 빛의 삼원색이잖아요! 맞아요. 이 세 가지 색으로 모든 색을 만든다고 배웠어요. 음? 그런데 이상하네요. 빛의 삼원색이나 물감의 삼원색이나 다 색을 나타내는 것이라 그게 그거 같은데 왜 서로 다를까요?

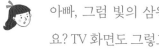 그 궁금증에 대해 얘기하기 전에 먼저 생각해볼 게 있어. 세상에는 굉장히 많은 색이 있는데, 그중 세 가지만 골라서 기본적인 색이라고 하는 게 이상하지 않니? 만약 색이 사람처럼 인격이 있다면, 이런 질문을 할 만하지 않을까? "자기들이 뭔데 기본색이라고 우기는 거야? 나도 똑같은 색인데!"

사실 색을 물리적인 관점에서 보면 3가지 기본색이 있다는 것은 우스운 얘기란다. 이 색과 저 색을 섞어서 다른 색을 만든다는 건 있을 수가 없는 일이거든. 모든 색은 각각 자신의 고유한 색으로 있는 것이지, 두 가지 색을 합한다고 다른 색으로 바뀌는 게 아니야.

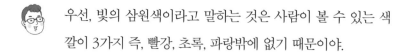 아빠, 그럼 빛의 삼원색이나 색의 삼원색이 틀렸다는 건가요? TV 화면도 그렇고 물감도 색을 섞으면 다른 색이 만들어지잖아요?

 우선, 빛의 삼원색이라고 말하는 것은 사람이 볼 수 있는 색깔이 3가지 즉, 빨강, 초록, 파랑밖에 없기 때문이야.

네? 그게 무슨 뜻이에요? 사람이 색을 3개밖에 못 본다고요?

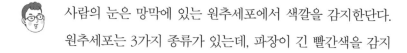 사람의 눈은 망막에 있는 원추세포에서 색깔을 감지한단다. 원추세포는 3가지 종류가 있는데, 파장이 긴 빨간색을 감지

그림 1 빛에 대한 시신경의 반응

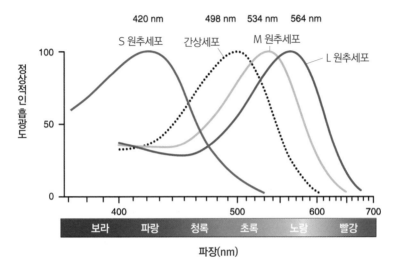

출처: OpenStax College – Anatomy & Physiology, Connexions Web site

하는 L 원추세포와 중간 파장인 초록색을 감지하는 M 원추세
포, 짧은 파장인 파란색을 감지하는 S 원추세포로 되어 있어.
만약 사람이 노란색을 본다고 할 때, 망막에서는 3가지 원추
세포 중에서 L 원추세포(빨간색)와 M 원추세포(초록색)가 반
응하지. 그러니까 L 원추세포와 M 원추세포를 각각 자극하
면 실제로 노란색이 아니더라도 우리 눈엔 노란색으로 보이
게 된단다. 만약 원추세포가 4가지 종류였다면 삼원색이 아
니라 빛의 4원색이라고 했겠지.

그럼 우리 눈을 속이는 거네요?

 그렇다고 할 수 있지만, 가시광에 해당하는 모든 파장의 빛을 각각 만들어야 한다면 거의 무한개의 빛을 만들어야 하는데 그건 현실적으로 불가능하지 않겠니? 그 대신에 빨강(R), 초록(G), 파랑(B)의 세 가지 색 조합으로 만드는 것이 훨씬 수월하겠지. 서로의 비율만 조절하면 되니까 말이야.

 그럼 빛의 3원색과 색의 3원색은 뭐가 다른 거예요?

그림2 빛의 삼원색과 색(물감)의 삼원색 원리(색의 밝기를 0~255의 256단계로 표시)

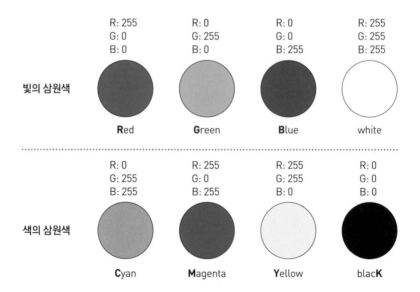

가장 큰 차이는 빛을 스스로 내는지 아니면 수동적으로 빛을 산란시키는지에 있단다. 태양과 행성의 관계와 비슷하다고나 할까? 빛의 삼원색은 자기가 빛을 내니까 그 빛이 우리 눈에 들어와서 색이 보이지만, 프린터 잉크는 자기가 스스로 빛을 내는 것이 아니기 때문에 만약 주변에 빛이 없다면 어떤 색도 보이지 않을 거야.

쉽게 이해하기 위해 주변의 빛을 그냥 햇빛이라고 가정해보자. 빨간색을 만들고 싶다면 잉크가 햇빛에서 빨간색을 제외한 다른 색의 빛을 모두 없애야만 가능하겠지? 다른 색의 빛을 없앤다는 것은 결국 그 빛을 흡수해야 하는데, 그런 잉크를 만들기는 쉽지 않아. 그래서 반대로 빨간색만 제거하는 방법을 택한 거야. 한 가지 색만 흡수하면 되니까 상대적으로 아주 쉬운 거지.

아, 그러니까 빨간색, 초록색, 파란색 각각의 빛을 흡수하는 정도를 조절하면 원하는 색상을 만들 수 있겠네요.

맞아. 색의 삼원색인 청록색(Cyan, R: 0, G: 255, B: 255)은 흰색(White, R: 255, G: 255, B: 255)에서 빨간색(R)을 제거한 거야. 자홍색(Magenta, R: 255, G: 0, B: 255)은 초록색(G), 노란색(Yellow, R: 255, G: 255, B: 0)은 파란색(B)을 없앤 것이지(그림 2). 그런 측면에서 잉크는 특정 색상을 제거하는 필터 역할을

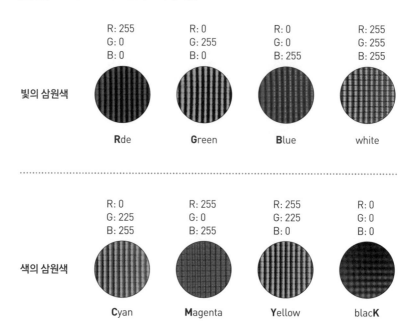

그림3 삼원색을 표출하는 컬러 모니터 픽셀

한단다.

이 사실은 컬러 모니터를 보면 더 확실히 알 수 있어(그림 3). 청록색엔 초록색과 파란색이 켜져 있고, 자홍색엔 빨간색과 파란색, 노란색엔 빨간색과 초록색이 켜져 있는 것이 보이지? 흰색은 RGB가 모두 켜져 있고 말이야. 보색 관계란 것도 결국 두 색을 서로 합하면 RGB가 모두 최대(255)인 상태 즉, 흰색이 된단다.

가산혼합과 감산혼합

가산혼합(Additive Mixing)은 빛의 삼원색인 빨강(R), 초록(G), 파랑(B)에 각각의 상대적인 빛의 세기를 더해서 모든 색상을 만들어요. 반면 감산혼합은 색의 삼원색인 청록색(Cyan), 자홍색(Margenta), 노란색(Yellow)의 물감을 섞어서 모든 색을 만들죠. 그래서 컬러 프린터 잉크를 보면 CMYK(Cyan, Magenta, Yellow, blacK)라고 표기가 되어있어요. 청록색, 자홍색, 노란색 잉크는 빛(백색광)이 있는 상태에서 각각 빨강(R), 초록(G), 파랑(B)을 비율적으로 빼면서 만들기 때문에 감산혼합(Subtractive Mixing)이라고 한답니다.

다만 감산혼합에서 검은색을 별도로 사용하는 이유는 문서의 대부분이 검은색으로 출력되기 때문이에요. 청록(C), 자홍(M), 노랑(Y), 3가지를 섞으면 RGB가 모두 흡수되어 검은색이 되지만, 각각의 잉크 소비가 커지니까 별도로 검은색 잉크를 넣는 거죠.

아빠, 색상 만드는 원리는 알겠는데요. 그럼 왜 모니터로 보는 것과 프린터로 출력한 인쇄지의 색감이 다르게 나오는 거예요?

그것은 컬러 잉크가 정확하게 색을 제거해주어야 하는데 그렇지 못해서 그렇단다. 잉크 표면에서 빛이 산란될 때 제대로 흡수되지 않은 빛이 우리 눈에 들어오니까 원래 의도했던 RGB 비율과 차이가 생기는 거지. 이런 문제를 해결하는 좋은 방법이 있단다. 먼저 실내를 약간 어둡게 한 후에 인쇄물의 뒷면에서 빛을 비춰 주는 거야. 그러면 빛이 투과하면서 잉크에

의해 효과적으로 RGB 색이 제거되기 때문에 색상이 훨씬 선
명하고 화사해지고, 원래 의도했던 것과 비슷한 색감을 얻을
수 있게 돼.

그런데 조명이 백색광이 아닌 경우엔 완전히 다른 색감으로
보이게 된단다. 우림이 너 아빠 차를 타고 가다가 터널에 들
어갔을 때 다른 차 색깔을 본 적이 있니? 빨강, 파랑, 노랑 등
색이 다양하지만, 막상 터널에 들어가면 색깔이 없어지고 흑
백 같은 느낌이 들지 않았어?

맞아요. 터널에서는 마치 모든 것이 주황 느낌의 회색처럼 보
였어요.

일반적으로 터널에선 효율이 좋은 나트륨등을 사용하는데,
나트륨등에선 고도의 단색광 즉, 한 가지 파장의 빛만 나오는
특징이 있지. 그래서 다른 색은 보이지 않고 단지 밝고 어두
운 정도만 보이기 때문에 마치 회색 세상에 들어간 것처럼 느
끼는 거야. 그런데 색이 이렇게 왜곡되어 보이는 것도 있지만
아예 '거짓 색깔(False color)'이라고 부르는 색도 있단다.

'거짓 색깔'이라고요?

사람 눈은 '빨, 주, 노, 초, 파, 남, 보'의 무지개색 가시광선만

나트륨등에서 나오는 빛의 특성

기체 상태의 나트륨(Na)에서는 스펙트럼 적으로 아주 예리한 589.0nm와 589.6nm 파장의 2가지 빛이 나와요. 그렇기 때문에 렌즈의 투과율이나 표면 거칠기와 같은 광학적 특성을 나타낼 때 기준으로 사용한답니다. 실제로는 두 가지 빛이 나오지만 파장 차이가 거의 없기 때문에 편의상 589.3nm 파장의 단색광으로 나온다고 말해요.

볼 수 있어. 그런데 빨간색 너머에도 빛이 있고 보라색 너머에도 빛이 있단다. 빨간색 너머에 있는 빛이라고 해서 '적외선(赤外線, InfraRed)', 보라색 너머는 '자외선(紫外線, UltraViolet)'이라고 부르지. 비록 우리 눈에 보이지는 않지만, 엄연히 존재하는 이 빛들을 우리가 알기 쉽게 임의적인 색깔로 표현한 것이라서 거짓 색깔(False color)이라고 부른단다.

적외선이나 자외선 사진 같은 거네요. 그렇다면 왜 이런 색으로 사진을 찍어야 하나요?

왜냐하면 더 많은 것을 알 수 있기 때문이지. 가시광선으로 보이지 않는 것들이 적외선이나 자외선에서는 보이니까 말이야. 그래서 대기나 해양을 관측하는 인공위성에는 여러 가지 영역에서 볼 수 있는 카메라가 탑재되어 있단다. 수증기량이

나 미세먼지, 해양의 온도 등 가시광에서는 볼 수 없는 것을
측정해서 일기예보에 활용하기 위해서지.
이러한 가시광선이나 적외선, 자외선 외에도 다른 빛이 많이
있단다.

그림4 더듬이은하(Antennae Galaxies, NGC4038/4039). 합성영상(왼쪽), 찬드라 X선 영상
(오른쪽 위), 허블 가시광 영상(오른쪽 중간), 스피처 적외선 영상(오른쪽 아래)

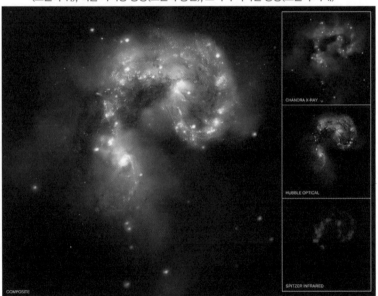

출처: X-ray: NASA/CXC/SAO/J.DePasquale; IR: NASA/JPL-Caltech; Optical: NASA/STScl

(사진설명: 지구에서 6천2백만 광년 떨어진 더듬이 은하는 두 개의 은하가 서로 충돌하는 모습을 하고 있다.
이 사진은 X선, 가시광, 적외선 영상을 합성한 것으로 각각 찬드라, 허블, 스피처 망원경으로 촬영한 것이다. X
선 영상에는 초신성 폭발로 방출된 수많은 원소들로 구성된 뜨겁고 거대한 성간 가스 구름들을 보여 준다. 산
소, 철, 마그네슘, 규소 등이 풍부한 가스로 인해 새로운 별과 행성들이 탄생할 것이다. 영상에서 밝은 점으로
보이는 것들은 블랙홀에 빨려 들어가는 물질과 질량이 매우 큰 별의 마지막 잔재인 중성자 별에 의해 발생한
것이다.)

가시광선이나 적외선, 자외선 외에도 다른 빛이 있다고요?

 그런 것들은 빛이라는 이름 대신에 각기 고유의 이름으로 부른단다. 예를 들면 자외선보다 더 강력한 엑스선(X-ray)이 있고, 엑스선보다 더 강력한 감마선(Gamma-ray)도 있지. 특히

나사의 주요 우주망원경 시리즈

1) 허블 우주망원경(Hubble Space Telescope; HST)-가시광선과 자외선.
2) 스피처 우주망원경(Spitzer Space Telescope; SST)-적외선.
3) 찬드라 엑스선망원경(Chandra X-ray Observatory; CXO)-엑스선.
4) 컴프턴 감마선망원경(Compton Gamma Ray Observatory; CGRO)-감마선.

그림 5 나사(NASA)의 주요 우주망원경

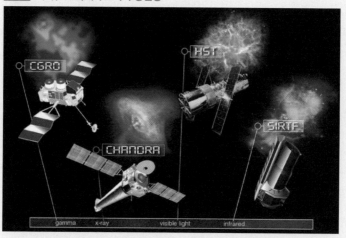

출처: NASA - http://www.nasa.gov/images/content/90950main_Observatories.jpg

우주를 관측할 때 이렇게 다양한 영역에서 보게 되면 많은 것을 알 수가 있단다. 엑스선이나 감마선이 많이 나오는 것들은 은하가 서로 충돌했다거나 블랙홀이 있는 등 매우 특별한 경우라서 우주의 비밀을 탐구하는 데 중요한 열쇠가 되고 있어. 그래서 나사(NASA)에서는 이런 현상들을 잘 관측하기 위해 우주에 천체 망원경을 설치했을 정도란다.

적외선, 가시광선, 자외선, 엑스레이, 감마선…. 어휴, 복잡하게 뭐가 이렇게 많아요?

복잡한 것 같지만 이들 모두가 전자기파(Electromagnetic wave)의 일종으로 단지 파장 즉, 에너지가 다를 뿐이야. 이를 전자기파의 스펙트럼이 다르다고 말하기도 해. 이렇게 다양한 스펙트럼을 보면 물질의 성분이나 상태를 정확하게 알 수 있기 때문에 겉으로 보이는 현상 속에 있는 근원적인 원리들을 이해하는 데 큰 도움이 된단다. 그래서 과학을 하는 사람들은 내가 보는 것만이 전부라고 생각해서는 안 되는 거야. 새로운 스펙트럼을 보면 이전엔 보이지 않았던 새로운 모습이 보일 수 있으니까 언제나 열린 마음이 필요하단다.

하늘은 낮엔 볼 수 없는 별들로 가득 차있다.

The sky is filled with stars, invisible by day.

- 헨리 롱펠로우(Henry W. Longfellow)

09

제발
정리 좀 해!

방이 이게 뭐니? 온통 어질러졌잖아! 엄마가 엊그제 치워줬는데 벌써 이렇게 지저분해지니? 어휴, 제발 정리 좀 해라.

일부러 그런 게 아니에요. 이것저것 하다 보니 나도 모르게 이렇게 된 거라고요.

물건을 사용하고 제자리에 두면 이런 일이 없잖아! 이게 뭐니, 매번.

에이 참, 엄마는….

뭐 그래도 아직 발 디딜 틈은 있으니 완전히 어지른 건 아니네.

아니, 당신! 도와주진 못할망정, 왜 엉뚱한 말이나 하고 있어?

아, 아니 난 그냥 열역학적으로 보면 더 어질러질 수도 있다는 얘기를 한 것뿐이야.

아빠, 그게 무슨 말이에요? 열역학이 뭔지는 모르지만, 그게
방 정리하는 거와 상관이 있는 거예요?

 열역학이라는 단어부터 좀 어렵지? '열역학(熱力學; Thermo-
dynamics)'은 쉽게 말해서 열과 관련된 현상을 연구하는 물
리학의 한 분야란다. 즉 열로 인해서 어떤 움직임이 생기거
나, 반대로 어떤 움직임 때문에 열이 변화하는 현상을 연구하
는 것인데, 그 열역학 법칙 중 하나가 '무질서도'에 관한 것이
란다.

 무질서도요? 그럼, 어질러진 모습도 얼마만큼 어질러졌는지
를 나타내는 척도가 있다는 거예요?

 그렇다고 할 수 있지! 기본적으로 엄마가 방안을 잘 정돈해
준 상태는 무질서도가 낮은 상태이고, 온통 어질러진 것은 무
질서도가 높은 상태야. 정돈되었던 방이 네가 이것저것 꺼내
어 여기저기 펼쳐놓기 시작하면서 어질러지는데, 그걸 유식
하게 표현해서 무질서도가 증가했다고 하지. 그렇다면 방을
무한정 어지를 수 있을까?

 무한정이요? 엄마가 가만 놔두지 않을 텐데요?

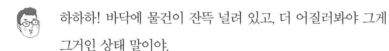
하하하! 바닥에 물건이 잔뜩 널려 있고, 더 어질러봐야 그게 그거인 상태 말이야.

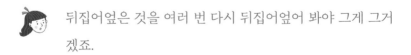
뒤집어엎은 것을 여러 번 다시 뒤집어엎어 봐야 그게 그거 겠죠.

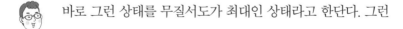
바로 그런 상태를 무질서도가 최대인 상태라고 한단다. 그런

상태를 열역학에서는 '평형(Equillibrium)'을 이루었다고 얘기하지. 더 이상 변화가 없다는 뜻이야.

아빠, 무슨 얘기인지 잘 이해가 안 되는데요?

예를 들어 더운물에 찬물을 섞으면 처음에는 섞이지 않아서 여기저기 더운물이나 찬물이 있지만, 시간이 지나면 골고루 섞여서 모든 곳이 똑같은 미지근한 물이 되지? 더 섞을 것이 없는 상태 말이야. 그 정도가 평형이라고 보면 돼.
자, 그럼 만약 반대로 저절로 방이 깨끗하게 정돈될 수는 없을까?

그럼 저야 고맙지만, 말이 안 되죠. 미지근한 물을 아무리 흔들어봐야 그냥 미지근한 물이지, 그걸 다시 찬물과 더운물로 나눌 수는 없잖아요.

더운물과 찬물을 섞으면 미지근한 물이 되는데, 왜 미지근한 물은 찬물과 더운물로 나뉘지 않을까? 당연한 얘기 같지만, 예전에는 물리학으로도 이런 현상을 논리적으로 설명할 수 없었단다. 이 '무질서도'에 대한 법칙이 나오기 전까지는 말이지. '자연현상은 엔트로피(무질서도)가 증가하는 방향으로 일어난다'는 그 유명한 '열역학 제2 법칙' 덕분에 비로소 설명 가능하게 된 거란다. 이것을 바꿔 말하면 '엔트로피'가 감소하는 현상은 자연스럽지 않은 것이지. 이 말은 엔트로피를 감소시키기 위해서는 일부러 일을 해야 한다는 뜻이기도 해.

 물리학자들은 당연한 것을 참 어렵게 말하는 것 같아요. '누군가 일을 해야만 방이 정리된다'고 쉽게 말해도 될 텐데….

 물리학자라고 일부러 어렵게 말하려고 하는 것은 아니야. 모든 사람에게 똑같은 의미로 전달하려다 보니 그렇게 되는 것이지. 하지만 열역학 제2 법칙은 자연현상에 방향성이 있음을 알려 주는 중요한 법칙이란다. 어떤 현상이 한쪽 방향으로만 일어나고 그 반대 방향으로는 일어나지 않는 이유를 설명해 주고 있는 거야. 이를 '비가역성(非可易性)'이라고 하는데, 이로 인해 우리가 자연에서 시간의 방향성 즉, 시간이 과거에서 현재 그리고 미래로 흐름을 느낄 수 있는 거란다.

 아빠, 열역학 제2 법칙이라고 하니까 굉장히 어려울 것 같은데, 당연한 것을 말하고 있는 거네요?

 누구에게나 당연하니까 그것을 법칙이라고 하는 것이지. 자, 그럼 여기서 '열'은 뭘까?

열이요? 그냥 뜨거운 거 아닌가요?

 하하하. 그럼 뜨겁다는 것은 뭐라고 생각하니?

 뜨거운 것은 온도가 높은 상태를 말하는 것 같은데….

 17~18세기까지도 과학자들은 열을 '열소(熱素; Caloric)'라고 부르는 어떤 물질로 생각했었어. 그래서 열소(熱素)가 많으면 뜨겁고, 적으면 덜 뜨거운 것이라고 설명을 했지. 그런데, 영국의 벤저민 톰슨(Benjamin Thompson)이라는 사람이 대포의 포신을 깎을 때 발생하는 열을 보고 의문을 품기 시작했어. 열소 때문이라면 쇠를 깎으면 깎을수록 열이 점점 감소해야 하는데, 오히려 더 많은 열이 발생하는 현상을 이해할 수 없었던 거지. 그래서 그는 열의 발생을 쇠를 구성하는 분자들의 운동에 의한 것으로 생각했어.

 열이 분자들의 운동 때문에 발생한다고요?

 좀 막연하게 들리긴 하지? 그 후에 이 문제를 두고 율리우스 마이어(Julius Mayer)란 사람이 실험을 했단다. 수소를 용기에 넣고 한쪽 면을 피스톤으로 막은 후 추를 올려놓아 일정한 압력이 되게 하면서 가열했지. 그랬더니 부피가 변하지 않게 고

정했을 때보다 더 많은 열이 들어갔단다. 기체가 팽창하면서 피스톤을 밀어 올리는 일을 했기 때문이었어. 그래서 '열은 일을 하는 능력 즉, 에너지이다'라는 결론을 내렸단다.

제임스 줄(James Joule)은 마이어와는 반대로 일이 열로 바뀌는 실험을 함으로써, '열이 에너지'라는 것을 입증했어. 다시 말해, 열과 일은 에너지의 형태가 바뀐 것으로 그 전체 양은 변하지 않는다는 에너지 보존법칙을 증명한 거야.

그런데 열이 에너지이고 보존이 된다면, 밥이나 국같이 뜨거운 것들은 왜 식는 거예요? 식었다는 것은 그만큼 에너지가 사라진 거 아니에요?

좋은 질문이구나. 식었다는 것은 에너지가 감소한 것이니까 말이다. 그런데 이것을 이해하려면 특별한 안경을 껴야 한단다.

특별한 안경이요?

돈을 주고도 살 수 없는 분자나 원자를 볼 수 있는 것이야. 바로 '상상력'이라는 안경이지. 물리학자들이 자연현상을 이해하고자 할 때 자주 끼는 안경이란다.

우리가 뜨겁다고 하는 것은 분자의 움직임이 활발하여 운동에너지가 크다는 말과 같지. 뜨거운 밥이나 국에서 김이 모락 모락 나는 것도 그 안에 있는 물 분자들의 운동이 활발해져서 수증기가 되어 밖으로 날아가는 거란다. 수증기가 날아가다가 공기 분자들과 충돌하게 되면 자기가 갖고 있던 운동에너지를 공기 분자에게 주고 자신은 활동성이 떨어지게 되는데 그것을 식는다고 말하지. 우리 눈에 보이지는 않지만, 사라진 것이 아니라 공기 분자에게 전달된 것뿐이야.

아~, 열에너지가 없어진 것이 아니라 주변의 공기 분자에게 전달된 거로군요.

맞아. 그렇기 때문에 수증기 분자가 식지 않고 활동성을 유지하게 하려면 계속 에너지를 공급해주어야 하지. 이런 특성을 잘 이용한 것이 바로 증기기관의 발명이란다. 공급된 열량은 수증기의 운동에너지를 증가시켜 증기기관의 압력을 상승시키게 되고, 그러면 증기기관의 피스톤이 움직이면서 일을 하게 되는 거야. 즉, 공급된 열량은 증기기관의 내부에너지 증가량과 수행한 일의 양을 합한 것과 같게 되어 결국 에너지가 보존된다는 것인데, 이것이 '열역학 제1 법칙'이란다.

열역학 제1 법칙도 알고 보면 당연한 말을 하는 거네요.

그런데 연구를 하다 보니 내부에너지와 기체가 하는 일은 기

체의 종류와는 크게 상관이 없고 온도만 직접적인 관계가 있

다는 것이 밝혀졌어. 온도가 일정할 때, 기체의 압력이 증가

하면 부피는 감소하고 반대로 압력이 감소하면 부피는 증가

하기 때문에 기체의 압력과 부피를 곱한 값이 온도와 비례한

다는 거야. 이 관계식을 '이상기체 방정식'이라고 부른단다.

이상기체 방정식

이상기체 방정식은 압력과 부피 그리고 온도와의 관계를 나타내는 것으로 아래와
같은 형태를 띠고 있어요. 한 마디로 압력과 부피의 곱은 온도와 비례한다는 것이죠.
온도가 일정할 때는 압력과 부피는 서로 반비례 관계에 있고요. 왜 이것을 이상기체
방정식이라고 부르냐고요? 이 관계식은 이상기체(Ideal gas) 즉, 기체 분자 상호 작
용이 없는 경우에만 정확하기 때문이에요. 실제 기체들은 분자 상호간에 힘이 작용
해서 더 복잡한 형태를 보인답니다.

$$PV=Nk_BT$$

P : 압력

V : 부피

N : 기체분자의 수

k_B : 볼츠만 상수

T : 온도

$k_B=1.38 \cdot 10^{-23} J/K$

아빠, 앞의 식에서 '볼츠만 상수'라는 건 뭐예요?

오스트리아의 물리학자인 루트비히 볼츠만(Ludwig Eduard Boltzmann)은 열에너지를 기체 분자의 운동에너지로 생각하여 열역학의 법칙들에 대한 깊은 통찰력을 갖게 해준 아주 중요한 물리학자란다. 그의 이름을 따서 만든 상수가 바로 볼츠만 상수인데, 온도당 에너지라는 단위를 갖고 있는 물리량이지. 볼츠만 상수를 한마디로 표현하자면, 눈에 보이지 않는 입자들의 세계를 우리가 살아가는 세상과 연결하는 다리와 같다고 할 수 있어.

뭔가 대단한 업적을 세운 것 같긴 한데 말이 너무 어려워요.

볼츠만이 활동할 시기에는 원자나 분자의 존재도 부정하는 과학자들이 많이 있었단다. 그런 상황 속에서 미시세계인 분자들의 운동에너지를 증기기관과 같은 열기관이 동작하는 원리와 연결을 시킨 거야. 다시 말해서, 거시세계의 현상들을 미시세계 분자들의 관점으로 해석해 준 것이라 할 수 있지. 볼츠만은 그 당시 사람들이 이해하지 못했던 온도의 정체가 결국 분자 하나의 평균 운동에너지였다는 것을 명확하게 보여주었단다. 그런데 신기한 것은 볼츠만 상수의 단위와 '무질서도'인 '엔트로피'의 단위가 같다는 거야.

볼츠만 상수의 단위와 엔트로피의 단위가 같다고요?

맞아. 엔트로피 즉, 무질서도는 순전히 확률적인 개념이잖아. 기체 상태의 각 개별입자를 고려하는 것이 아니라 기체 분자가 모두 동일하다는 가정하에서 통계적인 확률로만 표시하는 거지. 볼츠만 상수가 이미 그런 의미를 내포하고 있다는 것이 놀라울 뿐이야.

아하, 그렇군요. 그럼 기체는 그렇다 치고, 물이나 얼음 같은 액체나 고체는 어떻게 되는 거예요?

액체나 고체는 원자나 분자들의 상호작용이 기체보다 매우 강하기 때문에 이상기체 방정식과는 달리, 이해하기가 어렵단다. 예를 들어 얼음이 녹아서 물이 될 때 열을 계속 가해도 온도는 올라가지 않고 녹기만 하지? 그렇다고 물의 부피가 얼음보다 증가하는 것도 아니고 말이야. 물질의 상태가 변화하는 과정에서는 물질의 내부에너지가 증가하더라도 온도의 변화는 없지. 이렇게 물질의 상태가 변화할 때, 단위 질량 당 필요한 에너지를 잠열(숨은열)이라고 한단다. 예를 들면, 물 1kg을 끓여서 수증기로 만들기 위해서는 2,260,000J의 에너지가 필요하게 돼.

그게 얼마나 큰 에너지인데요?

놀라지 마렴. 무려 226톤의 물체를 1m 들어 올리는 에너지에 해당한단다. 거의 25톤짜리 덤프트럭 10대에 싣는 흙의 양과 비슷하지.

겨우 물 1kg을 기화시키는 데 그렇게 많은 에너지가 들어간다고요?

그래. 우리가 음식을 조리하거나 차를 마시기 위해 물을 끓이는데만 이만큼의 에너지를 매일 사용하는 거야. 그렇다면 역으로 바다에서 기화된 수증기가 응결한다면 얼마만큼의 에너지가 나올지 상상이 가니? 그렇기 때문에 태풍 하나가 한 나라를 초토화시킬 만큼 강력할 수 있는 거란다.

우림아, 이건 마치 잠열이 눈에 보이지는 않지만 엄청난 에너지를 갖고 있듯이, 우리 모두에게는 보이지 않는 굉장한 잠재력이 있다는 것을 자연이 말해주는 것 같지 않니?

"사실을 가져와 그것을 명확하게 기록하라. 그리고 그것을 죽을 때까지 수호하라.

Bring forth what is true; Write it so it's clear. Defend it to your last breath.

- 루드비히 볼츠만(Ludwig Boltzman)

10

잠수를 탔다고?

 우림아, 뭘 그렇게 자꾸 확인하니?

 아, 아빠…. 학교 팀별 과제를 해야 하는데, 한 명이 연락이 안 돼요. 전화도 안 받고, 단톡도 확인 안 하고요. 이제 시간도 얼마 없는데 너무 짜증 나요! 완전히 잠수 탔나 봐요.

 얼마나 깊이 잠수(?)를 탔으면 전혀 연락이 되지 않을까? 정말 답답하겠구나. 우림아, 그런데 있잖아. 잠수를 하면 정말로 연락이 안 될 수도 있단다!

 가뜩이나 화나는 데 그게 무슨 말씀이세요? 연락이 안 되니까 잠수 탔다고 하는 건데….

 혹시 스텔스라는 단어를 들어본 적 있니? 레이더에 잡히지 않거나, 잡힌다 해도 곤충 정도로 아주 작게 보여서 탐지하지 못하게 만드는 기술을 말하지. 그동안 이 기술을 미국만 보유하고 있었는데, 요즘엔 러시아나 중국 등 다른 나라들도 열심히 개발하는 중이야.

그런데 그게 잠수 타는 거랑 무슨 상관이 있어요?

스텔스 기술이 얼마나 완성하기 어려우면 군사기술 강국들이 아직도 개발하지 못했겠니. 근데 말이다. 잠수함은 특별한 기술이 없어도 바닷속에만 들어가면 스텔스 모드가 되어 레이더에 탐지가 안 된단다.

네? 그럼, 잠수함은 레이더로 탐지가 안 된다는 말인가요?

물론 수면에 떠 있을 때는 탐지가 되지만, 일단 바닷속으로 잠수를 하면 레이더로는 탐지하기 어려워.

비행기나 미사일은 수십, 수백 km 거리에서도 탐지하면서 바다는 제일 깊은 마리아나 해구가 11km(11,034m)에 불과한데 왜 레이더로 탐지가 안 되죠?

그건 레이더와 바닷물의 특성 때문에 그래. 레이더는 영어로 'RADAR(RAdio Detection And Ranging)'라고 쓰는데, 이 말은 '전파(Radio)를 탐지해서 목표물까지의 거리'를 알아내는 장비라는 뜻이지. 간단히 말하면 '전파탐지기'라는 말이야.

바닷물의 어떤 특성 때문인데요?

바닷물은 민물과는 다르게 짜다는 특징이 있어. 짠맛을 내는
이유는 물에 나트륨(Na)과 염소(Cl) 등 많은 이온이 들어 있
기 때문이지. 물속에 전기가 잘 통하는 물질이 녹아 있으니,
구리 전선과 같은 '도체'와 다르게 없는 셈이야. 그러니까 바
닷물에 레이더와 같은 전파가 오면 표면에서는 금속 도체처
럼 반사하는 반면, 물속에선 전파를 흡수해 버린단다. 엘리베
이터에 들어가면 휴대전화 신호가 약해져서 간혹 전화가 잘
안 되는 것처럼 말이야.

전파란?

전파의 정식 명칭은 '전자기파(Electromagnetic wave)'로 전기장과 자기장이 특정한
진동수로 진동하는 현상을 말해요. 자기장이 진동(변화)하면 도체에서는 유도전류
(Eddy current)가 생기는데, '도체'라고는 해도 저항이 있기 때문에 열이 발생하여 열
에너지로 변환되지요. 인덕션 전기레인지가 이런 원리를 이용하여 음식을 조리하는
것이랍니다.

 정말 잠수함이 바닷속에 들어가면 찾기가 어렵겠네요.

 그래서 군사 강대국들이 서로 앞 다투어 핵잠수함을 개발하
는 중이지. 그런데 사실 여기에도 문제가 좀 있어.

무슨 문제요?

 핵잠수함이 바다 깊은 곳에 숨어있으면 들키지 않아서 좋긴 한데, 반대로 지휘본부하고도 통신이 안 되는 거야. 공격을 한다든지 어떤 중요한 작전을 수행하려면 본부와 긴밀히 통신을 해야 하는데 말이지. 통신하려고 수면 위로 올라오자니 적에게 발각될 위험이 있으니 이러지도 저러지도 못하게 되지.

 그럼 어떻게 해요? 통신하려고 물 밖으로 나올 수도 없고, 그렇다고 통신을 하지 않을 수도 없고요.

 그렇기 때문에 물리학이 필요한 거야. 어떻게 해야 바다 깊은 곳에 은밀히 숨어있는 잠수함에 본부의 명령을 전달할 수 있을까? 그 열쇠는 바로 '표피 깊이(Skin depth)'에 있단다.

 표피 깊이요? 그게 뭔데요?

 '표피 깊이'란 간단히 말해서 전파가 도체를 뚫고 들어갈 수 있는 깊이라고 생각하면 돼. 바닷물에 따라 차이가 있겠지만, 전 세계적으로 사용 중인 교류전기의 주파수인 50~60Hz 전파의 경우는 표피 깊이가 30m 정도 되지.

표피 깊이(Skin depth: δ)란?

도체에 교류 전류가 흐르면 자기장이 발생하고, 이 자기장의 변화로 인한 유도 기전력이 발생하지요. 이 기전력에 의해 생기는 유도전류의 방향은 자기장의 변화를 방해하는 방향으로 흐른답니다. 이 유도전류는 도체의 표면에서 가장 강하고, 깊이에 따라 지수함수적으로 감소하게 되는데, 표면 전류밀도의 0.37배(1/e: e는 자연상수로써 그 값은 2.718)가 되는 깊이를 '표피 깊이'라고 정의해요. 표면 깊이는 주파수의 제곱근에 반비례하기 때문에 전파의 주파수가 낮을수록 바닷속으로 더 깊이 들어갈 수 있어요.

$$\delta = \sqrt{\frac{2\rho}{(2\pi f)(\mu_0 \mu_r)}} \approx 503\sqrt{\frac{\rho}{\mu_r f}}$$

δ : 표피 깊이(m)

μ_0 : 진공의 투자율($4\pi \times 10^{-7}$H/m)

μ_r : 매질의 진공에 대한 상대투자율(일반적으로 1의 값을 가짐)

ρ : 매질의 비저항(Ωm)

f : 주파수(Hz)

$\rho_{구리} = 1.678 \cdot 10^{-8} \Omega m$

$\rho_{바닷물} = 0.2 \Omega m$

$\mu_{r(구리)} = \mu_{r(바닷물)} = 1$

주파수	표피 깊이(구리)	표피 깊이(바닷물)
50 Hz	9.2 mm	31.8 m
60 Hz	8.4 mm	29.0 m
100 Hz	6.5 mm	22.5 m
1 KHz	2.1 mm	7.1 m
10 KHz	0.65 mm	2.2 m
100 KHz	0.21 mm	0.71 m
1 MHz	65 μm	0.22 m
10 MHz	21 μm	71 mm
100 MHz	6.5 μm	22 mm
1 GHz	2.1 μm	7.1 mm
10 GHz	0.65 μm	2.2 mm

생각보다 바닷물의 표피 깊이가 크지 않은데요? 잠수함에 명령을 전달하려면 바다 속 수백 미터까지는 가야 할 것 같은데 말이에요.

 신호감쇄가 크긴 하지만, 대신 신호를 세게 보내면 수백 미터 깊은 곳까지도 도달할 수 있어. 휴대전화가 잘 안 터지는 곳에 중계 안테나를 설치해서 신호를 키워주면 통화가 잘 되는 것처럼 말이야. 그런데, 사실 더 큰 문제는 다른 곳에 있단다. 50Hz의 전파를 만들기 위해서는 어마어마하게 큰 안테나가 필요하다는 거야.

 얼마나 크게 필요한데요?

 50Hz 전파의 파장이 너무 길다 보니 무려 6,000km나 된단다.

전파의 파장이란?

전파의 파장이란 한 번 진동할 때 전파가 이동한 거리로써, 1초 동안 진동하는 주파수에 파장을 곱하면 1초 동안 이동한 거리, 즉 속도가 나와요. 빛의 속도는 약 300,000km/s이니까, 파장은 빛의 속도를 주파수로 나누면 얻을 수가 있지요. 그래서 50Hz 전파의 파장은 6,000km가 되는 거랍니다(300,000/50 = 6,000km).

파장이 6,000km인 것과 안테나가 무슨 상관인데요?

전파를 만들어 쏘기 위해서는 안테나가 필요한데, 이 안테나의 길이가 파장의 1/2이 되어야 한다는 것이 문제인 거야. 파장이 6,000km이니 최소 3,000km 길이의 안테나를 만들어야 하는 거지.

안테나의 길이가 3,000km나 되어야 한다고요? 3,000km면 어느 정도나 되는 거죠?

우리나라에서 베트남까지의 거리만큼 된단다. 만약 북쪽으로 간다면, 몽골을 지나 바이칼 호수보다도 훨씬 더 가야 하는 먼 거리지.

그렇게 큰 안테나를 어떻게 만들어요?

하하하! 만들었으니까 바닷속에서 잠수함들이 활동하고 있겠지? 이럴 때 또 물리학자가 필요한 거란다. 그 방법은 바로 우리가 사는 지구 전체를 안테나로 이용하는 거야!

네? 지구를 안테나로 이용한다고요?

맞아. 우리가 사는 지구는 전기가 통하는 도체이기 때문에 이런 일이 가능하단다. 수십 킬로미터 떨어진 곳에 전극봉 두 개를 땅속에 박아서 지구 자체를 루프(Loop) 안테나로 이용하는 거지. 막대 형태보다 루프 안테나로 만들면 훨씬 작게(?) 만들 수 있기 때문이야.

지구가 도체라고?

번개란 구름 속에 축적된 전기가 땅으로 흐르는 현상이에요. 지구가 도체이기 때문에 발생하지요. 그래서 '접지(接地)'라는 단어의 의미가 '땅에 접한다'이며, 영어로도 '땅'과 '지구'를 뜻하는 '그라운드(ground)' 또는 '어스(earth)'라는 단어를 사용한답니다.

극저주파 송신소

극저주파 송신소는 미국 위스콘신 주에 있는데, 여기서는 76Hz의 전파를 송출하기 위해 두 전극봉 사이의 거리가 24km(약 서울과 인천 사이의 거리)나 되는 루프 안테나를 만들었어요. 이 안테나를 가동하기 위해서는 약 300A의 전류를 흘려줘야 하기 때문에 1메가와트(MW) 전기를 공급하는 전용 발전소가 별도로 있다고 해요.

그럼, 태평양이나 대서양같이 큰 바다에선 이런 송신소가 여러 개 필요하겠어요.

다행히 극저주파는 파장이 워낙 길기 때문에 어떤 것에도 장애를 받지 않고 전 세계 모든 곳에 전달할 수 있단다. 그래서 이런 송신소가 미국에 2개가 있고, 구소련이었던 러시아에는 한 군데가 있다고 해. 최근엔 인도도 보유하고 있다는 것이 알려졌지.

그림 1 극저주파 동작 원리

그림 2 미국 극저주파(ELF;Extremely Low Frequency) 송신소

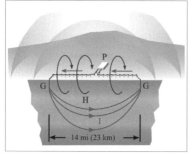

출처: 위키피디아

출처: 위키피디아

지구 자체를 안테나로 이용할 생각을 하다니, 물리학자는 참 대단하네요.

사람의 상상력과 창의력이란 정말 놀랍지? 고대 그리스의 아리스타르코스라는 사람은 이미 기원전 300년경에 지동설을 근거로 태양에서 달까지의 거리를 계산해서 『태양과 달의 크기와 거리에 대하여』라는 책을 썼을 정도란다. 에라토스테네

스(274~196 BC)는 하지(夏至) 정오에 두 도시에서 바라본 태양의 고도가 다르다는 사실로 지구의 둘레를 계산하기도 했지. 그뿐만이 아니란다. 히파르코스(190~120 BC)라는 사람은 개기일식이 일어난 도시와 부분일식이 일어난 도시 사이의 거리를 이용하여 달까지의 거리를 알아내기도 했어.

지구만이 아니라 우주 전체, 그리고 현재만이 아니라 먼 옛날부터 미래에 이르기까지 시간과 공간을 초월하여 동일한 물리법칙이 적용된다는 사실이 너무나 놀랍지 않니?

내게 충분한 길이의 지렛대와 받침점을 준다면 지구도 들어올릴 수 있다.

Give me a lever long enough and a fulcum on which to place it, and I shall move the world.

- 아르키메데스(Archimedes)

#11
우주는 어둡다?
다크(Dark)~

 오늘은 날이 맑아서 그런지 달이 무척 밝고 예뻐요. 저기 북두칠성도 보이네요!

 우림아. 달과 별을 스마트폰으로 한번 찍어 보겠니?

 어, 희미하긴 하지만 북두칠성이 찍혔네요. 그런데, 아빠! 밤하늘은 왜 이렇게 까맣게 보일까요? 하늘에 별이 무수히 많으니까 그 별빛이 다 모이면 태양만큼 밝을 것 같은데.

 별 중에는 태양보다 훨씬 크고 밝은 것도 많으니, 그럴 수도 있겠구나. 그런데 사실 이 질문은 단순해 보이지만 오랫동안 물리학자들을 괴롭혔던 질문이기도 하단다. 상대성 이론으로 시간과 공간에 대한 개념을 완전히 바꾸어 놓은 아인슈타인 조차도 잘 몰랐으니까 말이야.

 아인슈타인도 몰랐다고요?

 그렇다니까? 사실 밤하늘의 별들이 빛을 내는 것도 질량이 에너지라는 아인슈타인의 상대성 이론 이전에는 이해할 수 없었던 난제 중 하나였지. 지금이야 중력에 의해 핵융합 반응이 일어나서 그렇다는 것을 알고 있지만 말이야.

 와~, 그렇게 심오한 질문이었던 거예요?

 당연하고 단순한 사실이 오히려 물리학자들을 괴롭히는 문제일 경우가 의외로 종종 있단다. 사실 네가 했던 질문은 독일의 천문학자 하인리히 올베르스가 제기한 것으로 '올베르스의 패러독스(Olbers' Paradox)'라고 불리고 있어. 얼마나 풀기가 어려웠으면 '패러독스(역설)'라는 말까지 붙였겠니.

 올베르스의 패러독스가 뭔지 좀 더 자세히 설명해 주세요.

 올베르스는 당연해 보이는 몇 가지 가정에 기초해서 밤하늘의 별을 생각했단다. 첫 번째로 올베르스는 이 우주가 균일할 거라고 생각했어. 다시 말하면 하늘의 별들이 우주 전체에 골고루 퍼져 있을 거라는 가정이지. 그리고 별들의 밝기가 다 다르지만 우주 전체에 골고루 섞여 있어서 전체적으로 보면 어느 곳이나 똑같다고 생각했단다. 두 번째 가정은 우주는 무한하고 그곳에는 무한한 별들이 있다는 것이었지. 그런데 이렇게 당연한 가정을 했더니, 밤하늘이 '무한히' 밝다는 결론이 나오게 되었어.

아빠, 그게 무슨 소리예요? 밤하늘이 낮보다 더 밝다고요?

일단 설명을 한번 들어 봐. 어떤 별에서 지구에 도달하는 빛의 세기는 거리에 따라 약해지지만, 특정 각도 내에 보이는 별의 개수는 거리에 따라 많아지니까 결국 어떤 거리에서든 동일한 양의 빛이 지구에 오게 되는 거야. 그렇게 되면 우주의 크기가 무한하니까 각각의 거리에서 오는 빛이 계속 누적되면 무한대의 밝기가 나오는 거지. 우리가 보는 밤하늘은 어두운데 말이야.

그럼, 뭐가 잘못된 거죠…. 우주가 무한하다는 가정이 잘못된 건가요?

우리야 우주가 팽창하고 있다는 사실을 배웠으니까 그 가정이 잘못됐다는 걸 알 수 있지만, 우주가 무한하고 안정적(정적 우주)이라고 생각했던 그 당시 사람들에게는 이해할 수 없는 역설이었던 거야. 아인슈타인도 포함해서 말이지. 그런데 1929년에 에드윈 허블(Edwin Hubble)이 멀리 떨어져 있는 별일수록 더 빨리 멀어진다는 사실을 발견했어. 덕분에 우주가 팽창하고 있는 유한한 존재라는 것을 알게 되었고, 비로소

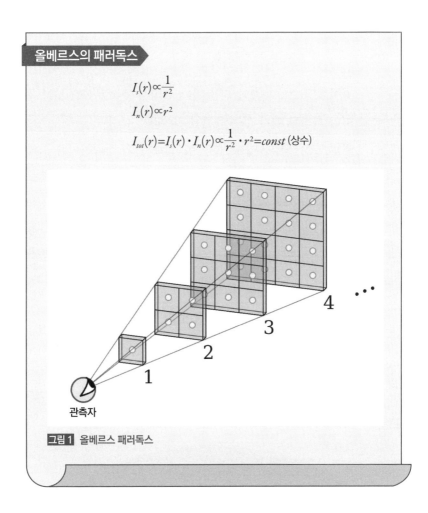

올베르스의 패러독스

$$I_s(r) \propto \frac{1}{r^2}$$

$$I_n(r) \propto r^2$$

$$I_{tot}(r) = I_s(r) \cdot I_n(r) \propto \frac{1}{r^2} \cdot r^2 = const \ (상수)$$

관측자

그림 1 올베르스 패러독스

이 패러독스가 해결되었단다.

우주가 팽창하고 있다는 사실이 올베르스 패러독스를 어떻게 설명하는데요?

별들이 점점 멀어진다는 것은 과거에는 서로 가까이 있었다는 얘기잖아? 그래서 시간을 거꾸로 돌려보면 온 우주가 한 점이었던 때가 나오게 되는 거야. 결국 우주는 무한한 것이 아니라 시작된 때가 있는 유한한 것이라는 얘기지.

별빛으로 다시 돌아가 보자. 아인슈타인의 상대성이론에 의하면 빛의 속도가 일정하므로 우주가 생겨난 이후에 가장 먼 곳에서 지구에 올 수 있는 빛은 우주의 나이에 해당하는 138억 광년 떨어진 곳에서 오는 거야. 그보다 더 먼 곳에선 도착할 수가 없는 거지. 그러니까 지구의 밤하늘을 밝혀 줄 수 있는 별의 개수는 무한하지가 않은 거고. 그래서 밤하늘은 무한대로 밝지 못하고 지금처럼 어두운 거야.

 아인슈타인 같은 천재여도 모든 것을 다 아는 건 아니네요.

그림 2 우주배경복사지도. 우주 전체에 가득 차 있는 마이크로파 복사. 빅뱅의 강력한 증거

출처: NASA / WMAP Science Team

하하하. 허블의 결과로 인해 우주가 정적이지 않고 동적으로 팽창한다는 사실을 알고서는 아인슈타인이 크게 후회했다고 하는구나.

아인슈타인이 후회했다고요?

아인슈타인은 우주가 팽창도 하지 않고 수축도 하지 않는 안정된 상태라고 생각했는데, 아이러니하게도 상대성 이론의 핵심인 중력 때문에 문제가 발생했단다. 우주의 모든 별이 중력에 의해 서로 끌어당기면 우주가 수축한다는 가정이 가능해지. 그래서 그것을 막기 위해 자신의 방정식에 고의로 '우주상수'라는 것을 추가했어. 그런데 나중에 우주가 팽창한다는 사실이 확인되면서 필요 없는 상수를 넣은 꼴이 되어 인생 최대의 실수라고 말했다는구나.

아인슈타인이 인생 최대의 실수라고 했던 우주상수(Λ)

$$R_{\mu\nu} - \frac{1}{2}Rg_{\mu\nu} + \Lambda g_{\mu\nu} = \frac{8\pi G}{c^4}T_{\mu\nu}$$

$R_{\mu\nu}$: 리치곡률텐서

R : 스칼라곡률텐

$g_{\mu\nu}$: 계량텐서

Λ : 우주상수

G : 뉴턴중력상수

c : 빛의 속도

$T_{\mu\nu}$: 에너지-운동량텐서$_{zz}$

아인슈타인이 인생 최대의 실수를 했다는데, 왜 제 기분이 좋아질까요?

하하하! 역시 사람은 완벽할 수 없지. 그런데 인생은 새옹지마(塞翁之馬)라는 말처럼, 허블의 팽창하는 우주 때문에 천덕꾸러기가 되었던 아인슈타인의 우주상수가 최근에는 다시 주목받기 시작했단다.

네? 아인슈타인 인생 최대 실수인 우주상수가 다시 주목을 받게 되었다고요?

우주가 팽창을 하더라도 은하와 별들이 서로 중력으로 계속 잡아당기고 있으니까 팽창속도가 점점 줄어들어야 하는데, 우주를 관측했더니 오히려 팽창속도가 증가한다는 것이 밝혀진 거야. 다시 말하면 현재의 팽창속도가 과거보다 더 빨라졌다는 뜻인데, 이것은 중력과 반대되는 힘이 있어서 별들이 서로 밀어낸다는 의미가 되지. 아인슈타인이 억지로 도입한 우주상수가 뜻하지 않은 새로운 발견을 통해 다시 빛을 발하게 된 거야.

왔다 갔다 하니까 뭐가 뭔지 잘 모르겠어요.

사실 여기에 대해서는 물리학자들도 아직 잘 모르고 있단다. 우주가 가속팽창한다는 사실을 설명하기 위해 이런 이론들을 만들어나가는 도중에 불과하지. 우주상수와 관련된 양 즉, 중력과는 반대로 밀어내는 작용을 하는 것, 바로 그것을 '암흑에너지(Dark energy)'라고 부른단다. 방정식을 푸는 수학적인 과정에서 나온 것이기 때문에 실제 물리적인 세상에서 어떤 특징을 보여주는지는 아직까지 충분히 이해하고 있지 못한 상태야. 그래서 '암흑(dark)'이라는 단어를 사용하는 것이고 말이야.

그림3 은하 내부의 거리에 따른 공전 속도 A. : 예상된 별의 공전 속도, B: 실제 관측된 공전 속도

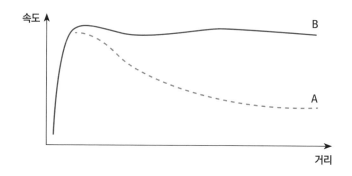

 그럼, '암흑에너지'하고 '암흑물질'은 같은 거예요?

 이름은 비슷하지만, '암흑물질(Dark matter)'과 '암흑에너지'는 전혀 다른 거란다. 암흑물질은 질량이 있는 즉, 중력이 발

생하는 실제 물질이야. 다만 블랙홀처럼 직접 측정하기가 어려울 뿐이지.

 아빠, '암흑(Dark)'만 붙으면 머릿속이 '캄캄'해지는 것 같아요.

 뉴턴의 만유인력 법칙에 의하면, 중력의 크기는 두 물체 상호 간의 거리 제곱에 반비례하기 때문에 거리가 1/2로 줄어든다면 중력은 4배로 증가하게 돼. 예를 들어 인공위성의 고도가 조금만 낮아져도 중력이 크게 증가하니까 더 빨리 움직여야만 원심력이 커져서 지구에 떨어지지 않게 되는 거야. 태양 주위를 도는 행성들이 태양에 가까울수록 빨리 공전하는 것도 그런 이유 때문이지. 태양에서 가장 가까운 수성의 공전 속도는 초속 48km로 지구의 공전 속도인 초속 30km보다 1.6배나 빠르단다. 그래서 수성의 1년은 88일밖에 안 돼.

 중력과 원심력, 그런 게 암흑물질과 무슨 상관이 있나요?

 태양 주위만이 아니라 은하계의 중심부에서도 비슷한 현상이 일어나야 하기 때문이야. 은하 중심은 더 많은 별이 밀집해 있을 테니까 중력이 더 클 것이고, 그렇기 때문에 은하 중심부에 가까운 별들은 빠른 속도로 은하 중심을 공전하겠지. 중심에서 멀어지면 멀어질수록 공전 속도는 작아지고 말이야. 그

런데 속도를 실제로 측정해보니 이상한 결과가 나온 거야. 은
하 중심에서의 거리에 상관없이 별들의 공전 속도가 비슷했
던 거지. 마치 별이 투명한 푸딩에 박혀서 통째로 같이 움직
이는 것처럼 말이야.

투명한 푸딩에 박힌 별이라고요?

거리가 먼데도 같은 속도로 공전하려면, 별을 끌어당기는 중
력이 더 커야 하는데 망원경으로 아무리 찾아봐도 다른 천체
들은 보이지 않는 거야. 그런데 자세히 보니까 주변에 있는
별들의 모습이 왜곡된 것을 발견했어. 마치 어떤 중력 렌즈가
있는 것처럼 말이지. 비록 푸딩처럼 투명해서 천체 망원경에
의해 직접 관측되지는 않지만, 존재하는 것은 분명한 그 물질
을 '암흑물질'이라고 명명했단다.

그런데 연구를 더 하다 보니 암흑물질이 우리가 알고 있는 일
반물질보다 오히려 더 많다는 사실이 밝혀졌어. 우리가 관측
할 수 있는 원자로 된 우주는 전체의 4.6%에 불과한데 암흑
물질은 23%나 됐지. 더 놀라운 것은 '암흑에너지'가 우주 전
체의 72%나 된다는 사실이야. 암흑에너지에 대해선 아직도
아는 것이 별로 없는데 말이지.

그림 4 우주의 구성비. 초기 우주보다 우주가 팽창할수록 암흑에너지가 증가함

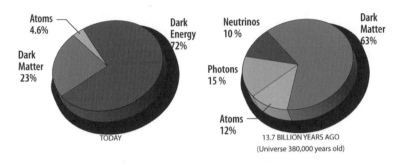

출처: NASA / WMAP Science Team

 물리법칙으로 모든 것을 다 설명할 수 있다고 생각했는데 우주에는 아직도 모르는 것투성이네요.

 우주는 대부분 베일에 가려져 있단다. 이 베일을 하나 걷으면 지금까지 알고 있었던 것과 아주 다른 현상들이 발견되지. 그래서 우주를 이해하기 위해 지금도 전 세계적으로 많은 연구를 수행하고 있어.

앞으로 너희들이 훌륭한 물리학자가 되어, 아직 우리가 이해하지 못한 많은 것들을 밝혀주었으면 좋겠구나.

살아 있는 동안, 자연의 새로운 모습을 발견할 때마다 어린 이처럼 기뻤다.

All my life through, the new sights of nature made me rejoice like a child.

- 마리 퀴리(Marie Curie)

12

맨눈으로
그게 보이니?

 아빠, 우리나라에 고인돌 마을이 있대요. 청동기 시대 사람들은 그 큰 고인돌을 어떻게 만들었을까요?

 고인돌 마을이 한 군데가 아니라 꽤 여러 군데라고 하더구나. 하긴 전 세계에 있는 고인돌이 6만 기 정도 된다는데, 남북한을 합쳐 우리나라에만 4만 기나 있으니까 우리나라 자체가 고인돌 나라라고 해도 과언이 아닐 거야.

 도구도 제대로 없어서 힘들었을 텐데, 우리 조상들은 왜 이렇게 많은 고인돌을 만들었을까요?

 그러게 말이다. 엄청나게 큰 돌을 옮겨서 받침대 위에 올려놓으려면 많은 사람을 동원해야 하는 힘든 일인데 왜 이렇게 많이 만들었을까?
지금까지 밝혀지기로는 고인돌이 무덤의 기능을 했다고 보이지만, 실제로 유골이 발견된 것은 많지 않기 때문에 무덤보다는 제단과 같은 제례와 주술의 기능을 했을 것이라고 주장하는 사람들도 있어.

고인돌을 왜 만들었는지 정확히는 모르는 거네요.

그런 셈이지. 어떤 고인돌의 덮개석에는 여러 구멍이 새겨져 있는데, 천문학자가 확인해 보니 밤하늘의 별자리를 새긴 것이었단다. 구멍의 크기는 별의 밝기를 표현하는 것이었고 말이야.

고인돌에 별자리가 새겨져 있다고요? 청동기 시대 사람들도 하늘의 별을 관측했다는 건가요?

성경에 보면 아브라함이라는 사람이 나오는데, 부인도 예쁘고 재산도 많아서 부족할 것이 전혀 없었어. 아브라함의 유일한 고민거리는 바로 자식이 없는 것이었단다. 그런 그에게 하나님이 자식을 주시겠다고 약속하시는 내용이 나오는데, 이때 뭐라고 하시는지 아니?

글쎄요. 그 아브라함이 살았던 시대가 언제인데요?

기원전 2,000년 정도 되니까 우리나라에서 고인돌이 만들어지던 청동기 시대에 해당하지. 자식을 간절히 원하던 아브라함에게 하나님은 이렇게 말씀하셔. "하늘을 쳐다보아라. 네가 셀 수 있거든, 저 별들을 세어 보아라. 너의 자손이 저 별처럼 많아질 것이다." 미세먼지와 같은 대기 오염이나, 환한 도시의 불빛도 없는 그 당시의 밤하늘엔 얼마나 많은 별이 보였겠니? 시력도 지금보다 좋았을 텐데 말이야.

그거야 밤하늘의 별을 한번 쳐다본 것이지, 그것을 가지고 별을 관측했다고 말하긴 어렵지 않은가요?

아니야. 실제로 청동기 시대인 고대 바빌로니아엔 별을 전문적으로 관측하는 천문학자들이 있었어.

네? 청동기 시대에 천문학자가 있었다고요?

바빌로니아인들이라고 하면 점토판에 새겨진 쐐기문자가 떠오를 만큼 유명하지. 메소포타미아 사막에서 발굴된 쐐기 점토판의 수만 해도 무려 백만 개가 넘는단다. 그런데 말이야. 그 쐐기 점토판에는 일식이나 월식을 예측하는 방법과 같은 천문학에 대한 내용도 적혀 있단다. 특히, 약 300여 개의 서판엔 수성, 화성, 목성 그리고 토성을 관찰한 기록이 있는데, 그중에는 무려 400일 동안의 목성의 움직임이 기록된 것도 있어.

400일 동안이나 하루도 빠짐없이 기록해 놓았다고요?

바빌로니아의 천문학자들

그런 기록은 전문적으로 천체를 관측하지 않으면 불가능하기 때문에 천문학자가 있었을 거라는 얘기야. 그런데 더욱더 놀라운 것은 그 기록의 정확성이란다. 지구에서 바라볼 때, 태양을 기준으로 화성이 같은 위치에 도달하는 시간을 '회합주기(Synodic period)'라고 하는데, 바빌로니아인들이 기록한 수치는 779.955일이었어. 현재 우리가 알고 있는 수치가 779.936일이니까 오차가 0.0024%밖에 안 되는 아주 정확한 값인 거야.

청동기 시대엔 망원경도 없었는데, 어떻게 그 정도로 정확하게 관측할 수 있었을까요?

궁금하지? 그럼 그 당시 사람들이 어떻게 했는지 한번 추리를 해 볼까?

그러니까 우리가 마치 셜록 홈스 같은 탐정이 된 기분인데요?

하하하! 자, 그럼 추리를 시작해보자. 일단 그 당시에는 망원경이 없으니 맨눈으로 별을 봤을 거야.

그럼 시력이 엄청 좋아야 했겠네요.

스넬렌(Snellen) 시력 측정법

네덜란드의 안과의사였던 허먼 스넬렌이 1862년에 고안한 방법으로 20피트(6m) 거리에서 정확하게 볼 수 있는 시표번호를 가지고 시력을 측정해요.

스넬렌 시력 = 시력측정거리/시표번호

예: 20 피트 거리에서 시표번호 20을 볼 수 있으면 20피트/20(시표번호) = 1.0 시력. 각도 1/60도를 1분이라고 하는데, 1분을 구분할 수 있는 시력이 1.0인 거예요. 시력이 6.0이면 1/6분을 구분할 수 있는 시력으로써 시력 1.0보다 6배가 좋은 것이랍니다.

그랬겠지. 지금도 몽골 초원에 사는 사람들은 시력이 엄청 좋아서 평균 시력이 3.0이고 6.0이 넘는 사람도 있다고 해.

시력이 6.0이라고요? 도대체 눈이 얼마나 좋은 거예요?

단순 계산으로 시력이 1.0인 사람보다 6배가 좋은 것인데, 이런 사람은 55인치 UHD 초고해상도 TV를 6m 이상 떨어져서 봐도 픽셀 하나하나를 구분할 수 있단다. 즉, 거실 TV를 주방에서 봐도 TV 픽셀이 보이는 것이지. 눈에 6배 배율의 망원경을 끼고 있는 것과 같은 셈이야.

그럼 지금부터 고대 바빌로니아 천문학자들의 시력검사를 한 번 해볼까?

네? 말도 안 돼요. 타임머신을 타고 그 당시로 갈 수도 없는데, 어떻게 고대 바빌로니아 천문학자의 시력을 검사할 수가 있어요?

'물리'라면 가능하단다! 기본 원리는 간단해. 그들의 관측오차를 시력의 한계로 보는 거지. 시력 1.0이란 1/60도, 즉 1분을 구분할 수 있는 거니까 그들이 구분할 수 있었던 각도(각해상도)만 계산하면 시력을 알 수 있는 거야.

그럼 각해상도는 어떻게 구할 수 있는데요?

끝없이 펼쳐진 사막에서 밤하늘을 본다면 어떻게 보일까? 아마도 지평선 위에 별들이 가득 찬 반구로 보이겠지? 그러니까 전체 하늘을 간단히 180도라고 가정해서 180도에 대한 관측 오차 각도를 계산하는 거야.

관측 오차 각도는 관측 범위인 180도에 관측 오차를 곱하기만 하면 되니까 그 값은 0.26분 즉, 1/3.8분이 나오는구나. 다시 말하면, 시력이 3.8 이상이면 고대 바빌로니아인의 관측 정확도를 만족시킬 수 있는 셈이야.

고대 바빌로니아 천문학자의 시력이 3.8보다 좋았다는 말이네요.

바빌로니아인의 시력 계산법

화성과 지구는 태양의 주변을 돌기 때문에 서로의 상대적 위치가 계속 바뀌게 되죠. 보름달처럼 밤새도록 동쪽에서 떠서 서쪽으로 질 때도 있지만, 해가 진 후에 잠깐 서쪽하늘에 보일 때도 있어요. 그래서 화성의 관측 범위를 동쪽에서 서쪽까지 180도로 생각하는 거예요.

$$관측\ 오차 = \frac{관측값의\ 차이}{오늘날의\ 관측값}$$

$$= \frac{779.955 - 779.936}{779.936}$$

$$= \frac{0.019}{779.936} = 2.44 \cdot 10^{-5}$$

$$관측\ 가능\ 분해능 = 관측\ 오차 \cdot 관측범위$$

$$= 2.44 \cdot 10^{-5} \cdot 180^{o} \cdot \frac{60분}{1^{o}}$$

$$= 0.26분 \approx \frac{1분}{3.8}$$

$$눈의\ 회절한계 = 1.22 \times \frac{파장(\lambda)}{동공의\ 직경(D)}$$

$$= 1.22 \times \frac{400 \times 10^{-9}}{7.78 \times 10^{-3}} = 62.7 \mu rad = 0.216분$$

한편, 이론적으로 가능한 최대 해상도가 회절한계(Diffraction limit)인데, 이를 계산하면 약 0.22분이 나오기 때문에 측정값으로 구한 0.26분이 가능함을 알 수 있어요. (5룩스(lux)의 어둠 속에서 우리나라 10대의 평균 동공의 크기는 7.78mm라는 연구 결과와 400nm의 보라색 파장을 사용).

게다가 일반적으로 지평선 부근은 지형이 가리기도 하고, 사막 같은 곳은 미세먼지로 인해 대기가 청명하지 않기 때문에 별이 어느 정도 하늘 위에 떠야 잘 보이거든. 그런 것을 고려해서 관측범위를 약간 줄이면 바빌로니아 천문학자의 시력은 5.0 즉, 독수리 정도의 시력을 가진 사람이라고 추측할 수 있단다.

 고대 바빌로니아 천문학자의 시력을 검사할 수 있다니, 물리학은 정말 탐정 같아요. 아빠, 그럼 고인돌을 만든 청동기 시대의 우리 조상들도 충분히 별을 관측할 수 있었겠네요.

 그렇고말고. 우리나라에도 고조선의 천문현상에 대한 기록이 몇 개 남아 있단다. 고조선의 역사를 기록한 『단기고사』와 『단군세기』라는 책을 보면 '13세 단군 흘달 50년 여름에 다섯 행성이 루 별자리에 모이다'라는 기록이 있는데, 지금부터 약 3,750년 전 즉, 기원전 1733년에 있었던 일이란다. 고조선이 세워진지 600년 정도 지난 때이지.

 우리나라에도 그런 기록이 있어요? 다섯 행성이 모이다니 대체 어떤 모습이었을까요?

 그럼, 이번에는 고조선 시대의 밤하늘로 가볼까?

아빠! 바빌로니아 천문학자의 시력을 측정하더니, 이번엔 정말 타임머신이라도 탄다는 거예요?

 정말로 타임머신을 탈 거야. 다만, 사람이 만든 타임머신이 아니라 창조주가 만든 거란다. 아주 질서 정연한 '우주'라는 타임머신이지. 우리 3,750년 전 여름밤 서울로 여행을 한번 떠나볼까? 꽉 잡아라~. 짜잔!

 에이~. 아빠, 이게 뭐예요? 컴퓨터 프로그램이잖아요.

 하하! 화면에 있는 날짜와 시간을 잘 보렴.

 "-1733 - 7 - 13, 19:21:32," 아, 이거 기원전 1733년 7월 13일 19시(오후 7시 21분 32초) 아닌가요? 정말 고조선 때 여름 밤하늘이네요!

 이것은 기원전 1734년 여름에 다섯 개의 행성인 금성, 목성, 토성, 수성, 화성과 달이 서울 서쪽 하늘에 일렬로 쭉 늘어선 모습이란다(그림 1). 정말 아름답지? 청동기 시대에 살았던 사람들이라도 이런 장관을 보았다면 기록으로 남기고 싶을 만큼 놀라웠을 거야. 10도 이내에 5개의 행성이 모여 있었으니 말이다. 실제로 아빠가 달과 금성이 아주 가까이 있다고 생각되

그림1 기원전 1734년 7월 13일 저녁 7시 20분경의 서울의 하늘: 금성, 목성, 토성, 수성, 화성, 초승달이 일렬로 늘어선 모습

출처: Stellarium

그림2 달과 금성. 서로 3.4도 떨어져 있음

출처: 동네천문대

었을 때 확인해 보니 서로 3.4도가 떨어져 있었거든(그림 2).

기원전 1734년이요? 좀 전에 –1733년이라고 하시지 않았어요?

오, 아주 예리한데? 현재 우리가 사용하는 '기원전', '기원후'라는 말은 예수님의 탄생을 기준으로 나누는데, 예수님이 태어나신 해를 서기 1년으로 표기했단다. 이런 방법은 532년에 서양의 수도승인 디오니시우스 엑시구스에 의해 시작되었어. 그런데, 그 당시 유럽엔 아직 '0'이란 개념이 없었기 때문에 서기 1년 바로 전 해가 0년이 아니라 기원전 1년이 되어버린 거야. 일반적인 수 체계를 따르는 천문학적 달력에서는 0년이 포함되니까 1년이라는 차이가 생긴 거지.

천체들의 움직임은 아주 정교한 시계와 같아서 오행성이 10도 이내에 모인 해가 –1733년, 즉 기원전 1734년이란 것을 계산할 수 있단다. 물론 역사기록엔 기원전 1733년이니까 1년 차이가 있긴 하지만, 훨씬 후대에 기록한 역사서라는 것을 감안하면 정확한 기록이라고 할 수 있지 않겠니?

아빠, 우리 조상들도 밤하늘을 보며 관측하고 기록했다는 것이 신기해요.

고조선만이 아니라 삼국시대, 고려, 조선 시대의 기록도 많이 있단다. 삼국사기에도 여러 가지 천문현상이 기록되어 있는데, 그 중에 '금성이 낮에 나타났다(태백주현-太白晝見)'는 기록이 있어. 우리나라 사료를 연구한 일본 학자들은 낮에 금성이 보였다는 건 터무니없다고 생각하여 이 기록의 신빙성을 의심하기도 했지만, 최근에는 어렵지 않게 낮에 찍은 달과 금성 사진을 볼 수 있단다(그림 3).

 일본 학자들이 우리나라 사료를 연구했다고요?

그림 3 낮에 찍은 달과 금성 사진(2007년 6월 18일 오후3시 53분 영국 남서부에서 촬영

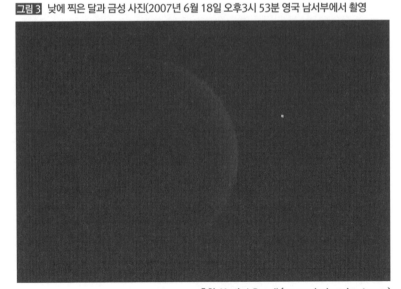

출처: Martin J. Powell (www.nakedeyeplanets.com)

그래. 특히 일제 강점기 때 많이 했는데, 어처구니없게도 우리나라 역사서에 있는 천문현상들이 독자적인 관측이 아니라 중국의 기록을 베낀 것이라고 주장했단다. 그렇지만, 우리나라 천문학자가 중국 기록에는 없는 우리나라만의 독자적인 기록이 많다는 사실을 발견했어. 한 예로 백제 아신왕 3년 즉, 서기 394년 7월에 있었던 태백주현은 우리만의 기록으로, 금성이 밝아진 시기와 제대로 일치하고 있어서 우리나라가 독자적으로 천문관측을 수행했다는 강력한 증거가 되고 있지.

우리 것에 대해 잘 알고 있지 않으면 눈 뜨고 코 베이겠어요.

하하하! 속담도 인용할 줄 알고 제법인데?

고려 시대의 역사를 기록한 『고려사』 '천문지'에는 당시 이웃 나라인 중국 송나라나 몽골의 원나라보다 훨씬 많은 태양의 흑점 기록이 있단다. 흑점과 연관이 있는 오로라에 대해서도 다른 어떤 나라보다 압도적으로 많은 기록을 남겼어. 조선 시대인 서기 1747년까지 자그마치 그 수가 700개 이상이나 된다는구나. 심지어 기록된 자료를 분석해 보면 약 11년마다 주기성이 발견된다고 하니 얼마나 정확하고 꾸준하게 관측을 수행했는지 알 수 있겠지?

오로라가 우리나라에 그렇게 많이 있었다는 것이 신기하네요. 지금은 없잖아요?

 시간에 따라 지구 자극의 위치가 변하기 때문에 오로라의 발생 위치도 함께 변하는 거야. 우리나라의 오로라 관측 기록은 수백 년에 걸쳐 태양 활동이 어떻게 변화했는지를 보여주는 매우 소중한 자료이기 때문에 외국 학자들도 연구하고 있다고 하는구나.

 정말이지, 우리 조상들은 천문 현상을 수백 년에 걸쳐 정확하고 꾸준하게 기록한 훌륭한 분들이네요.

어찌하여 그대는 타인의 보고만 믿고 자기 눈으로 관찰하거
나 보려고 하지 않는가?

But why have you not observed this, instead of reducing yourself to having to
believe the tales of others? Why not see it with your own eyes?

- 갈릴레오 갈릴레이(Galileo Galilei)

13

IoT가 아니라
PoT(Physics of Things) 라고요?

 우림아, 아빠 좀 도와줄래? 같이 화초에 물 좀 주자.

 잠깐만요. 이것만 끝내고 도와드릴게요.

 많이 바쁘지 않으면 바로 도와줄 수 없을까? 지금 물을 주지 않으면 화초가 햇볕에 타버릴 것 같아서 말이야.

 그게 무슨 말씀이세요? 식물은 햇빛을 받아서 광합성을 하는데 햇볕에 타버린다고요?

 그래. 다 물리적으로 근거 있는 얘기란다. 실제로 농사짓는 분들도 햇볕이 따가운 한낮에는 물을 주지 않고, 이른 아침이나 해가 지기 직전에 주고 있어.

 네? 화초에 물 주는 것에도 물리적인 근거가 있어요?

 우림아, 우리가 사는 이 세상에서 물리가 없는 곳이란 없단다. 화초에 물을 주면, 물은 표면장력이 강한 액체라서 잎사귀 표

면에 반구 형태로 달라붙게 돼. 꽃잎에 이슬방울이 맺히는 것
을 본 적이 있지? 이슬방울에 비친 모습을 전문적으로 찍는
사진작가도 있잖아. 이때 꽃잎에 맺힌 이슬방울이 잎사귀 위
에서 렌즈 역할을 하기 때문에 햇볕에 타게 되지.

 물방울 렌즈라고요? 물방울 렌즈가 꽃잎에서 어떤 작용을 하
는데요?

 이슬 같은 경우는 해가 뜨면 증발해서 없어지는 반면, 해가 강
할 때 물을 주면, 햇빛이 물방울 렌즈에 의해 초점으로 모이
게 돼. 반구처럼 볼록한 형태의 렌즈는 초점거리가 아주 짧기
때문에 햇빛이 직접 잎사귀나 꽃잎에 집중되는 현상이 벌어
지는 거야. 그러면, 돋보기로 종이를 태우는 것처럼 잎을 태
워버리는 거지.

 사람이 렌즈를 발명하기 훨씬 전부터 자연에는 천연렌즈가
있었던 셈이네요.

 그렇지. 아마도 렌즈라는 개념은 아주 오래전부터 인류에게
있었는지도 모른단다. 우리나라에서도 신라 선덕여왕 때(634
년) 지어진 경주 분황사 모전석탑에서 수정으로 된 볼록렌즈
가 발굴된 적이 있어.

신라 시대 때 수정으로 만든 렌즈를 발견했다고요?

 그렇다니깐? 모전석탑 안에서 금동 장신구 조각과 가위, 향유 병 등 여러 유물이 발견되었는데, 그중 수정으로 된 렌즈도 있었어. 지름이 5.6cm, 두께는 1.9cm나 되는 큰 볼록렌즈인데,

그림 1 경주 분황사 모전석탑

출처: 위키피디아, CC BY-SA2.0

그림 2 선덕여왕 시기의 수정, 화주(火珠)

출처: 국립경주박물관

17세기 조선에서 간행된 책인 『동경잡기(東京雜記; 경주의 역사와 지리정보를 담고 있는 책)』의 기록은 다음과 같아요.

"분황사 9층 탑은 신라의 삼보(三寶) 중 하나인데, 임진왜란 때 왜적이 탑의 반을 훼손하였다. 뒤에 우둔한 승려가 개축하려다가 또 그 반을 훼손하고서 구슬 하나를 얻었는데, 모양이 바둑알과 같고 수정과 같이 맑고 투명하였다. 들어서 비추면 그 밖을 꿰뚫어 볼 수 있고, 태양이 비치는 곳에 두고 솜을 가까이하면 불이 일어나 솜을 태운다. 지금은 백률사에 보관되어 있다."

출처: 한국광학회 25주년 백서

태양 빛을 모으면 솜에 불을 붙일 수도 있어서 '화주(火珠)'라고 불렀단다. 정말로 신라인들이 이런 용도로 화주(火珠)를 사용했다면, 우리나라는 이미 7세기에 수정렌즈의 원리를 이해하고 있었다고 할 수 있지.

아빠, 선덕여왕이 반짝이는 황금 왕관을 쓰고, 수정 화주로 태양빛을 모으는 장면을 상상하니 너무 재미있어요.

선덕여왕의 수정 화주 외에도 세종대왕 때는 핀홀 카메라의 원리를 이미 이용하고 있었단다.

세종대왕 때 측우기나 해시계, 물시계를 발명했다는 말은 들어봤지만, 핀홀 카메라가 있었다고요?

사진으로 기록할 수는 없으니까 엄밀히 말하면 카메라라고 할 수 없지만, 바늘구멍으로 이미지를 맺는 기술을 이용했지.

세종대왕은 정말 대단하네요. 어떻게 그 기술을 이용했는데요?

세종대왕은 태양의 고도를 정확하게 측정하고 싶어 했어. 그래서 약 10m 높이의 수직 기둥인 규표를 세우고, 그 그림자의 길이를 측정하고자 했단다. 태양이 남중할 때 바닥에 드리워진 규표의 그림자를 정확히 재면 되는 것이었지. 그림자의 길이를 좀 더 쉽고 정확하게 측정하려고 기둥 위에 가로막대를 걸쳐 놓았는데, 기둥 높이가 10m나 되다 보니 가로막대 그림자가 흐릿해져서 선명하게 보이질 않았어. 그래서 세종대왕은 그림자가 떨어질 자리에 바늘구멍 사진기, 즉 핀홀 카메라(pinhole camera)의 원리를 이용한 '영부(影符)'라는 이동식 상자를 뒀단다. 바늘구멍이 렌즈 역할을 해서 규면 위에 정확한 상이 맺히도록 한 것이지. 그로 인해 가로막대의 그림자가 선명하게 맺혀서 길이를 정확하게 측정할 수 있었단다.

그림 3 세종 시대 규표의 가상 모습과 1/10 축소 모형

아빠, 세종대왕에게 필름만 있었으면 핀홀카메라로 사진도 찍었겠는데요.

실제로 조선의 대표적 실학자인 다산 정약용은 빛이 들어오지 못하도록 방을 온통 어둡게 해놓고 렌즈를 통해 들어 온 빛을 흰 종이에 비치게 해서 바깥 풍경을 감상했다고 하는구나. 요즘 우리가 빔프로젝터를 보는 것처럼 말이야.
우림아. 다산 정약용이 갓 쓰고 도포 입은 채 깜깜한 방에서 이런 실험을 했다고 상상해 봐. 암실에서 광학실험을 하는 요즘 과학자들과 전혀 다를 게 없어. 우리나라에도 이렇게 실험정신이 투철한 과학자가 있었다는 것이 얼마나 자랑스럽니?

서양 과학자만 했을 것 같은 연구를 비슷한 시기에 우리 선조들도 했다고 하니까 정말 신기하네요.

현재 우리는 서양에서 발전한 학문을 주로 배우고 있는데, 아빠는 반만년 역사의 주인공이었던 우리 조상들이 과학기술분야에서 무슨 생각을 하며 살았을지가 궁금하단다. 우리 조상들도 자연과 우주를 보며 그것의 원리를 이해하기 위해 노력했을 텐데 말이야.

그러고 보니 우리 것에 대해 아는 게 별로 없네요.

다산 정약용의 카메라 옵스큐라

다산 정약용은 자신의 저서인 『여유당전서』 중 '칠실관화설(漆室觀畫說)'에 핀홀카메라 원리를 이용한 '카메라 옵스큐라(Camera Obscura)'라는 근대적 광학 장치에 대해 다음과 같이 기록해 놓았어요.

"이에 청명하고 좋은 날을 가려 방을 닫고 외부의 밝음을 받아들일 수 있는 모든 창과 출입구를 다 막아 방안을 칠흑같이 하되, 오직 한 구멍만 남겨 애체(렌즈)를 그 구멍에 안정시킨다. 그리고 눈처럼 하얀 종이판을 애체와 몇 척 떨어뜨려 놓되, 애체 평면의 고르기에 따라 거리를 조정한다. (중략) 사물의 형상이 거꾸로 비쳐 감상하기 황홀하다. 이제 어떤 사람이 초상화를 그리되 터럭 하나도 차이가 없기를 구한다면 이 방법을 버리고서는 달리 좋은 방법이 없을 것이다. 그런데 마당 가운데서 진흙으로 빚은 사람처럼 꼼짝도 하지 않고 단정히 앉아 있어야 한다."

출처: 한국광학회 25주년 백서

안타까운 일이지. 조선의 실학자들은 중국을 통해 서양의 천문, 과학, 기술을 적극적으로 수용했어. 그런데 서양의 것을 무조건 수용한 것이 아니라, 자신만의 눈으로 세상을 바라보며 독자적인 사상과 이론을 세워나갔단다. 새로운 이론들을 이해하고 받아들이기도 벅찬 것이 사실인데 말이야.

우리 선조들이 쓰신 책들은 모두 한자로 기록되어 있어서 그런 내용들을 알기가 어려워요.

아빠도 그렇게 생각했는데, 요즘엔 번역이 많이 되어 있더구나. 이제는 마음만 먹으면 인터넷으로 얼마든지 읽어 볼 수 있지. 결국 환경이나 여건보다도 관심이 가장 중요한 것 같아. 부끄러운 이야기이지만 아빠도 우리 조상들의 과학기술 활동은 단편적으로 배운 것이 전부였고, 관심도 없었기 때문에 아는 것이 거의 없었단다.

 그럼, 어떤 계기로 우리나라 전통 과학기술에 대해 관심을 가지게 되셨어요?

 아빠가 모스크바에서 공부할 때의 일인데, 러시아 지도교수님이 한국에 대한 홍보용 책자를 보셨어. 그 책자에 신라 시대 유물의 하나로 선덕여왕 때의 화주가 소개된 거지. 레이저 물리를 연구하시는 분이시니 광학적인 것에 특히나 관심이 많으셨는데, 서양보다도 훨씬 오래전에 한국에 이미 렌즈가 있었다는 것을 너무나 놀라워하셨어. 그래서 그 얘기를 나에게 해 주셨지. 하지만 정작 아빠는 그런 것을 전혀 알지 못하고 있었어. 참 낯 뜨거운 일이었지.

 그래서 어떡하셨어요?

 어떡하긴? 우리나라는 반만년의 유구한 역사를 가지고 있으니 가능했을 거라고 얼버무렸지. 그런데 나중에 지도교수님이 이렇게 말씀하시더구나. 한국에 화주가 있었던 그때부터 렌즈를 가지고 연구를 했으면 한국의 과학기술이 아주 발전했겠다고 말이야. 우리에게 있는 것을 소중히 여겨야 한다는 뼈아픈 일침이었어.

그 교수님은 우리나라 사람도 아닌데, 우리 것에 대해 더 잘 알고 계셨네요.

우리가 한국 사람이라고 해서 저절로 우리에 대해서 잘 알게 되는 것은 아니란다. 우리가 먼저 우리 것을 소중히 여기고 계승 발전시키려고 노력하지 않으면, 오히려 다른 나라 사람들이 우리에 대해 더 많이 알 수도 있는 거야. 아빠가 모스크바에 있을 때, 서점에서 책을 보다가 우연히 러시아어로 번역된 삼국사기를 발견하기도 했어. 한국에서는 한글로 된 삼국사기조차 보지 못했는데 말이지.

요즘에서야 과학사학자들이 우리 전통 과학기술에 대해서 활발한 연구를 하고 있지만, 이미 일제 강점기 시절에 일본 학자들에 의해 우리나라 과학기술에 대한 많은 연구가 이루어졌다는 것을 기억했으면 좋겠구나.

자기 자신에 대해 아는 것이야말로 가장 큰 지혜이다.

knowing thyself, that is the greatest wisdom.

- 갈릴레오 갈릴레이(Galileo Galilei)

14

물리는 아름답다?!!

 아빠, 물리는 왜 이렇게 어려운 거죠? 빅뱅, 블랙홀, 상대성이론, 힉스입자…. 뉴스에서 자주 듣긴 하지만, 도대체 무슨 말을 하는 건지 이해하기가 어려워요.

 그런 것들을 다 이해하거나 꼭 받아들일 필요는 없단다. 지금은 마치 진리인 것처럼 생각하지만, 우리가 듣고 배우는 물리 이론이 전부 완벽한 것은 아니거든. 이해가 가지 않으면 언제든지 질문하고 문제를 제기할 수 있는 거야. 더 정확하고 효과적으로 설명할 수 있는 이론이 나오면 물리는 언제든지 바뀔 수 있는 거란다.

 아빠, 물리 이론들이 계속 바뀐다면 도대체 물리가 뭐예요?

 음…, 아주 어려운 질문이구나. 사람마다 대답이 다르겠지만, 아빠는 물리를 '세상을 바라보는 눈'이라고 생각한단다. 좀 추상적이지? 다른 말로 표현하면, '우리가 사는 세상을 이해하기 위해 우주를 구성하고 있는 가장 작은 입자를 보려고 하는 것, 그리고 가장 작은 입자를 보기 위해 다시 가장 큰 우주를 바라보는 것'이라고나 할까? 그렇기 때문에 물리에서는 핵 내부와 같이 아주 가까운 거리에서 작용하는 아주 큰 힘을 연구할 뿐만 아니라, 가장 작지만 우주 전체를 지배하는 힘인 중력에 대해서도 연구를 하지.

아빠, 물리는 뭔가 심오한 것 같아요. 그렇지만 솔직히 실생활에 크게 도움이 될 것 같지는 않은데요….

우림아. 아빠가 4차 산업혁명의 첫 번째 핵심 기술이라고 얘기했던 것 기억하니? 클라우스 슈밥이 얘기한 것 말이다.

4차 산업혁명이라는 말을 처음 사용한 사람 말이죠? 음…, 뭐였더라? 맞다! 물리학 기술이죠?

그래, 맞아. 우리는 쉽게 느끼지 못하지만, 물리는 우리 실생활에 아주 깊이 관여하고 있단다. 앞으로 다가올 4차 산업혁명에서는 오히려 물리가 쓰이지 않은 것을 찾기가 어려울 정도지. 예를 들어 태양광 에너지처럼 말이야.

태양광 에너지와 물리가 무슨 상관이 있어요?

태양광 에너지를 이야기하려면 먼저 태양광에 대해 알아야 하겠지? 19세기 후반에는 여러 물리학자가 모든 빛에너지를 흡수하고 방출하는 '흑체(Black body)'에 대한 연구를 했어. 그중 대표적인 흑체가 바로 우리가 잘 아는 태양이란다.

네? 태양은 눈이 부서서 쳐다 볼 수도 없을 정도로 밝은데 왜 흑체라고 해요?

태양은 많은 빛을 방출하기도 하지만, 모든 빛을 흡수하기도 한단다. 그래서 흑체라고 부르지. 이 흑체는 많은 물리학자들을 정말 캄캄하게 만들기도 했어.

흑체가 물리학자들을 캄캄하게 만들었다고요?

흑체에서 방출되는 복사에너지는 온도에 따라 달라지는데, 그것을 계산해 보니 진동수가 낮은 경우는 잘 맞았지만, 자외선과 같이 진동수가 높은 영역에서는 그 값이 무한대가 되어 버렸어. 아무리 살펴봐도 문제될 것이 없었는데 말이지. 그래서 '자외선 파탄'이라고까지 불렸단다.

어휴, 정말 답답했겠네요. 그래서 어떻게 했나요? 혹시 포기했나요?

에이~, 물리학자들인데 포기하겠니? 막스 플랑크(Max Planck) 라는 사람이 흑체에서 나오는 복사에너지의 진동수가 연속적 으로 변하는 것이 아니라, 정해진 진동수의 정수배에 해당하 는 불연속적인 형태라고 가정하고 계산을 해 봤단다. 비유하 자면 아날로그가 아니라 디지털이라고 생각한 거지. 그랬더 니 수수께끼가 같았던 그 문제가 명쾌하게 풀렸어.

 와~. 막스 플랑크가 정말 기뻤겠어요.

 기뻤겠지. 그런데 말이다. 플랑크 자신도 처음에는 자기가 무 슨 일을 한 것인지 그 의미를 잘 알지 못했어. 하지만 바로 이 계산이 세상을 뒤바꿔버렸단다.

그동안 물리학자들은 세상의 모든 물질이 연속적인 에너지 를 가진다고 생각했지만, 그게 아니라 마치 작은 알갱이 같은 '양자(Quanta)'로 이루어졌다는 것을 알게 되었어. 그전까지 는 측정만 잘하면 모든 것을 정확하게 알 수 있다고 생각했는 데, 이후로는 그것이 근본적으로 불가능하고 단지 확률적으 로만 가능하다는 혁명적인 메시지였지.

 그게 바로 양자역학이군요. 요즘엔 양자 컴퓨터, 양자 암호, 양자 통신 등 '양자'라는 단어가 많이 사용되는 것 같아요.

그렇단다. 빛도 하나의 알갱이(입자) 같이 취급해서 광자(포톤; Photon)라고 이름을 붙였지. 덕분에 물질이 빛을 받으면 전자가 발생하는 광전효과라는 현상도 명확히 이해하게 되었어. 물질의 그런 특성을 잘 활용하면 태양전지를 만들 수 있단다.

그렇지만, 태양광은 밤에는 이용할 수가 없잖아요. 날이 흐려서 햇빛이 나지 않아도 문제고요.

태양광이나 풍력 에너지는 날씨에 따라 영향을 크게 받지. 그래서 물리학자들이 또 다른 에너지원을 생각해냈단다. 아예 태양을 만드는 거야.

태양을 만든다고요? 그게 어떻게 가능해요?

하하하! 물리라면 가능하지. 정확히 말하면, 우리가 필요한 만큼 사용할 수 있는 작은 태양을 만드는 거야. 대표적으로 두 가지 방법이 있는데, 첫 번째는 '토카막(Tokamak)'이고, 다른 것은 '레이저 핵융합 장치'란다. 재미있는 것은 두 가지 방법 모두 러시아 과학자들의 아이디어에서 나왔다는 거야.

그게 사실이라면 모든 국가들이 앞다투어 개발하려 들겠는데요?

그림 1 국제열핵융합로(ITER)의 토카막 구조. 7층 건물 높이로서 진공용기의 무게만 440톤에 달함

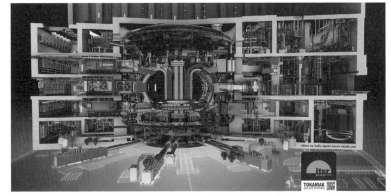

출처: 위키피디아, www.iter.org

그림 2 ITER의 진공용기 구조(오른쪽) 및 제작 모습(왼쪽)

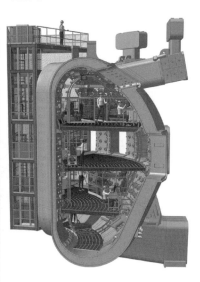

출처: 위키피디아, www.iter.org

맞아, 스위스에는 유럽 입자 물리학 연구소(Conseil Européenne pour la Recherche Nucléaire, CERN)가 있고, 최대 규모의 토카막인 국제열핵융합실험로(International Ther-monuclear Experimetal Reactor, ITER)는 2020년 완공을 목표로 프랑스의 카다라쉬(Cadarache)에 건설 중이지. 이 실험로가 특별한 이유는 단지 규모가 커서만이 아니란다. 그동안은 핵융합반응을 일으키기 위해 토카막에 투입되는 에너지가 핵융합반응으로 얻는 것보다 오히려 더 컸지만, 이번 국제열핵융합실험로는 50MW(메가와트)의 에너지를 투입해서 그것의 10배인 500MW를 핵융합으로 얻을 수 있다는 것을 실험적으로 증명하고 있지. 인류가 최초로 만드는 진정한 의미의 핵융합 발전 장치인 셈이야.

우리나라에는 없나요?

우리나라도 있단다. 이를 '한국형핵융합연구로(Korea Super-conducting Tokamak Advanced Research, KSTAR)', 줄여서 '케이스타'라고 부르는데, 비록 규모는 국제열핵융합로(ITER)의 1/25 정도이지만, ITER 설계의 기본 모델이 될 만큼 중요한 위치를 차지하고 있어. ITER 사업에는 우리나라와 함께 미국, 유럽연합, 러시아, 일본, 중국, 인도가 참여하고 있는데, 토카막을 열과 중성자에서 보호하는 블랑켓과 실제로 핵융합이 일어나는 진공 용기 등 핵심장치들을 우리나라에서 제작하

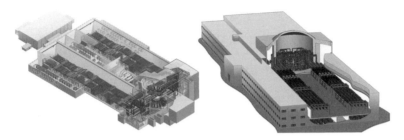

그림3 레이저 핵융합장치: 미국 NIF(왼쪽), 러시아 UFL-2M(오른쪽)

고 있단다.

 와~, 우리나라의 케이스타가 진짜 스타인 셈이네요! 그럼 토카막 말고 레이저 핵융합 장치는 어떤가요?

 토카막은 고온의 플라스마를 만들어 초전도 코일의 자력선의 힘으로 핵융합이 일어나도록 압력을 가하는 것인데 반해, 레이저 핵융합 장치는 '타깃'이라는 작은 용기 안에 중수소를 넣고 강력한 레이저 빛을 사방에서 동시에 쏴서 '타깃'이 고온 고압 상태가 되어 핵융합이 일어나도록 하는 방법이야. 이 방법도 아직은 핵융합을 통해 얻는 에너지보다는 투입되는 에너지가 많은 형편이지만, 점점 개선되고 있기 때문에 미래의 기술로 기대받는 중이란다. 미국과 러시아, 프랑스에서 집중적으로 개발하는 중인데, 현재 미국과 프랑스의 레이저 핵융합 장치는 타깃에 전달되는 레이저 에너지가 2메가주울(MJ) 정도인데 비해, 러시아는 2.8메가주울(MJ)을 얻을 수 있는 장치를 건설하고 있어.

미래의 무한한 에너지를 얻기 위해서 이런 거대한 장치들을 고안하고 개발하는 물리학자들이 정말 대단한 것 같아요.

우림아. 물리학자들이 이런 거대한 장치를 만들어 실험을 하고 우리 삶에 직접적인 유익을 주기도 하지만, 물리가 꼭 이런 것만은 아니란다. 왜냐하면 물리는 근본적으로 우리가 사는 이 세상을 이해하기 위해 호기심 어린 눈으로 바라보며 탐구하는 것이기 때문이지. 규모가 크거나 작거나가 중요한 게 아니라 말이야.

우리가 이해하려고 노력하면 할수록, 세상에 존재하는 것들의 가치와 아름다움을 더 크게 깨달을 수 있게 된단다. 그러면 세상 모든 것들이 함께 더불어 살아가는 데 도움이 될 수 있겠지? 그래서 '물리는 아름답다'고 말할 수 있는 것 같아.

아빠, 물리가 아름답고 멋지기는 하지만 쉽지는 않은 것 같아요. 공부도 많이 해야 하고….

하하하! 물론 이해하려면 반드시 노력이 필요하지. 그렇지만 아빠는 이해하는 것보다 이해하려고 노력하는 과정이 더 소중하다는 생각이 드는구나. 마치 애완동물을 키우는 것처럼 말이야. 애완동물을 다 이해하기 때문에 키우는 것이 아니라 키우면서 이해해 나가듯이, 물리를 제대로 살펴보고 알아간다면 그것 자체가 즐거움이 아닐까? 다산 정약용 선생의 말씀처럼, 무엇이든 즐겁게 해나가면 된단다!

> 네가 양계(養鷄)를 한다고 들었는데 양계란 참으로 좋은 일이긴 하지만 이것에도 품위 있고 비천한 것, 깨끗하고 더럽게 되는 것 등의 차이가 있다. 농서(農書)를 잘 읽어서 좋은 방법을 골라 시험해 보아라. 색깔을 나누어 길러도 보고, 닭이 앉는 홰를 다르게도 만들어 보면서 다른 집 닭보다 살찌고 알도 잘 낳을 수 있도록 길러야 한다. 또 때로는 닭의 정경을 시로 지어 보면서 짐승들의 실태를 파악해 보아야 하느니, 이것이야말로 책을 읽은 사람만이 할 수 있는 양계다. (중략) 속사(俗事)에서 한 가닥 선비의 일을 찾아내는 일은 언제나 이런 식으로 하면 된다.
>
> – 정약용, 『유배지에서 보낸 편지』 중
> '양계(養鷄)를 해도 책읽는 사람답게'의 일부분
> (둘째 아들 학유에게 보낸 편지)